Robert Grzebiela

Das Einbringen von Erdsonden zur Nutzung der Erdwärme als Unternehmensmodell in der Baubranche

Diplomica® Verlag GmbH

Grzebiela, Robert: Das Einbringen von Erdsonden zur Nutzung der Erdwärme als Unternehmensmodell in der Baubranche, Hamburg, Diplomica Verlag GmbH 2008

ISBN: 978-3-8366-6608-4
Druck Diplomica® Verlag GmbH, Hamburg, 2008

Bibliografische Information der Deutschen Bibliothek
Die Deutsche Bibliothek verzeichnet diese Publikation in der Deutschen Nationalbibliografie;
detaillierte bibliografische Daten sind im Internet über
<http://dnb.ddb.de> abrufbar.

Inhaltsverzeichnis

Seite

Seite

Abkürzungsverzeichnis

A_O	Fläche des Bohrlochringraums
ABC	Ausbildungszentrum
$A_{Bohrloch}$	Querschnittsfläche des Bohrloches
API	American Petroleum Institute
BBergG	Bundesberggesetz vom 13. August 1980 (BGBl. I S. 1310), zuletzt geändert durch Artikel 11 des Gesetzes von vom Dezember 2006 (BGBl. I S. 2833)
BGL	Baugeräteliste
BOP	blow - out - Preventer
bzw.	beziehungsweise
ca.	cirka
cm^3	Kubikzentimeter
CMC	Carboxy-Methyl-Cellulose-Polymer
CO	Kohlenmonoxid
CO_2	Kohlendioxid
DTH	Down – the – hole
DVGW	Deutsche Vereinigung des Gas und Wasserfaches
DVS	Deutschen Verbandes für Schweißtechnik
EED	Earth Energy Designer
EnEV	Energieeinsparverordnung
g	Gramm
Gew. %	Gewichts Prozent
HDR	Hot Dry Rock
HGB	Handelsgesetzbuch vom 10 Mai 1897 (RGBl. S. 219) zuletzt geänd. durch Art. 1 Vorstandsvergütungs-OffenlegungsG v. 3.8.2005 (BGBl. I S. 2267)
H_v	Reibungsverlusthöhe
HwO	Gesetz zur Ordnung des Handwerks (Handwerkskammerordnung) vom 17.09.1953, zuletzt geändert durch Artikel 146 der Verordnung vom 31. Oktober 2006 (BGBl. I S. 2407)
hydr	hydraulisch
HDPE	High – Density – Polyethylen
IADC	International Association of Drilling Contractors
J	Joule
K	Kelvin
KDK	Kraftdrehkopf
KfW	Kreditanstalt für Wiederaufbau
kW	Kilowatt
kWh	Kilowattstunden

LagerstG	Gesetz über die Durchforschung des Reichsgebietes nach nutzbaren Lagerstätten vom 4 Dezember 1934, zuletzt geänd. durch Artikel 22 der Gesetzes vom 10. November 2001 (BGBL. I S. 2992)
l	Liter
LUNG	Landesamt für Umwelt, Naturschutz und Geologie Mecklenburg-Vorpommern
m	Meter
mm	Millimeter
m^2	Quadratmeter
max	maximal
mbar	Millibar
min	Minute
Mio	Million
M-V	Mecklenburg - Vorpommern
NO_2	Stickstoffoxid
Nr	Nummer
PA	Polyacrylamat
PJ	Petajoule
P_p	Nebenverbraucher
PPA	Polyacrylamid
Q	Pumprate
Q_H	Gesamtwärmebedarf
S	Seite
SO_2	Schwefeldioxid
Q_{wp}	Jahresnutzwärme
U	Umdrehung
UV	Ultraviolett
v_{auf}	Aufstiegsgeschwindigkeit
UWB	Untere Wasserbehörde
W	Watt
W_{el}	elektrischen Energie Wärmepumpe
WHG	Gesetz zur Ordnung des Wasserhaushalts, zuletzt geändert durch Artikel 2 des Gesetzes vom 10. Mai 2007 (BGBl. I S.666)
WSchV`95	Wärmeschutzverordnung von 1995
z.B.	zum Beispiel
°C	Grad Celsius
ε	Leistungszahl Wärmepumpe
β	Jahresarbeitszahl
ΔT	Temperaturdifferenz
%	Prozent
€	Euro

1 Einleitung

Für die privaten Haushalte hat sich der Verbraucherpreis für Heizöl von 26,38 €/100 l im Jahr 1991 auf 53,59 €/100 l im Jahr 2005 mehr als verdoppelt[1]. Der Preis für Erdgas stieg im selben Zeitraum um 50,6 %. Die Kosten zum Beheizen der Wohnung mit konventionellen Verbrennungsanlagen stiegen dem entsprechend. In Zeiten der hohen Energiepreise und der wachsenden Unsicherheit hinsichtlich der Energieversorgung suchen immer mehr Hausbesitzer nach Alternativen zu Öl und Gas. Besonders herausstechend ist dabei die Entwicklung und Verbreitung der Wärmepumpentechnik. In der Schweiz, in Österreich, den Niederlanden und den Skandinavischen Ländern hat sich das System bereits etabliert. Nun erfolgt seit einigen Jahren der Durchbruch auf dem Deutschen Markt, dabei zeigt sich, dass der Großteil der Wärmepumpen als Wärmequelle das Erdreich mit Hilfe von Erdwärmesonden nutzt. Für den Heizungsbauer spielt es keine Rolle, ob er eine Wärmepumpe oder eine Gasheizung installiert. Die erzielbaren Gewinne differenzieren kaum von einander. Um von dieser Entwicklung dennoch zu profitieren, ohne selbes Wärmepumpen herzustellen und zu verkaufen, besteht die Möglichkeit Erdwärmesonden einzubauen. Die Herstellungskosten der Erdwärmesonden belaufen sich auf ca. die Hälfte der Gesamtinvestition der Heizungsanlage. Mit dem Erfolg der Wärmepumpe, entsteht ein völlig neuer Markt für Unternehmen die Erdwärmesonden einbringen können. Innerhalb von zehn Jahren ist der Verkauf von Wärmepumpenanlagen mit Erdwärmesonden als Wärmequelle von 100 Stück im Jahr 1996 auf 10000 Stück im Jahr 2006 gestiegen. Der größte absolute Anstieg wurde von ca. 12000 Neuanlagen 2005 auf ca. 28600 zum Jahr 2006, mit ca. 16600 verkauften Wärmepumpen erzielt[2]. Darin enthalten sind allerdings mit ca. 30 % auch die Wärmepumpen enthalten, die nicht als Wärmequelle Erdwärmesonden verwenden. Von diesem Anstieg profitieren besonders die wenigen Bohrunternehmen, die in der Vergangenheit ihr Tätigkeitsfeld in Aufschlussbohrungen für geologische Untersuchungen oder im Brunnenbau vorfanden und nun einer Überflutung von Anfragen für Erdwärmesondenbohrungen ausgesetzt sind. Dadurch werden weiterhin Wartezeiten und Kosten für die Bauherren ansteigen sowie die Gewinne der Bohrunternehmen.

Das Thema dieser Arbeit „Einbringen von Erdwärmesonden zur Nutzung der Erdwärme als Unternehmensmodel in der Baubranche" ist dieser Situation geschuldet und soll Anforderungen und Voraussetzungen aufzuzeigen, die an ein Unternehmen gestellt sind, welches als Kerngeschäft hat, Erdwärmesonden zur Nutzung der Erdwärme einzubringen und klären, ob sich der Einstieg in dieses neue Marktsegment der Baubranche als gewinnbringende Unternehmung herausstellt.

Als Grundlage wird zunächst im 2. Kapitel die Erdwärme neben anderen möglichen Energiequellen für Deutschland betrachtet und hervorgehoben. Dazu werden die aktuellen ökologischen, ökonomischen und politischen Veränderungen dieser Zeit miteingebunden sowie der Markt analysiert, um das Potential der Erdwärmenutzung und des Erdwärmesondeneinbringens darzustellen. Im darauf folgenden Kapiteln werden die geothermischen Aspekte erläutert und die Bestimmung der Sondenlänge ausführlich beschrieben. Das 4. Kapitel wird die bauverfahrenstechnischen Vorgänge und die dazu benötigte Ausrüstung zum Erstellen der Bohrungen und zum Einbau der Sonden aufzeigen. Im 5. Kapitel erfolgt die Zusammenstellung einer Bohranlage für einen definierten Standardfall einer Erdwärmesondenanlage sowie die Festlegung von Arbeitszeiten und Bauablauf eines Bohrunternehmens. Darauf basierend werden im 6. Kapitel die Herstellungskosten einer Erdwärmesondenanlage aufgezeigt und in Verbindung mit den derzeit üblichen Bohrpreisen eine Gewinnprognose für ein entsprechendes Unternehmen getätigt. Abschließend werden die im 7. Kapitel die rechtlichen Bestimmungen

---

[1] Vgl.: BMWi, (2007.): Energiedaten, Tabelle 26.

[2] Vgl.: iwr-pressedienst, Geothermische Vereinigung e.V – Bundesverband Geothermie: Geothermie 24000 Anlagen in 2006.

für das Errichten einer Erdwärmesondenanlage dargestellt und die behördlichen Anforderungen an das Bohrunternehmen erläutert.

2 Erdwärmenutzung für Deutschland

Die folgenden Unterpunkte sollen in die Thematik der Erdwärme einführen und aufzeigen, in welcher Weise Unternehmen daran profitieren können. Dazu wird zunächst die Erdwärme neben den anderen Energiequellen auf der Erde eingeordnet, um einen Überblick über die vielfältigen Möglichkeiten der Energieerzeugung und Nutzung zu geben Da es nicht Thema der Ausarbeitung sein soll die Begrenztheit nichtregenerativer Energien aufzuzeigen, liegt der Schwerpunkt auf den Nutzungs-möglichkeiten regenerativer Energiequellen. Gliederungspunkt 2.2 „Potential der Erdwärmenutzung in Deutschland" stellt die momentane Situation in Bezug auf Schadstoffausstoß in Deutschland dar und zeigt den zu leistenden Beitrag der Erdwärmetechnik zur Verringerung dessen. Zudem wird das in der Erdwärmenutzung steckende Potential zur Verringerung der Abhängigkeit von fossilen Brennstoffen dargestellt. Gliederungspunkt 2.3 konkretisiert den Einsatz der Erdwärmenutzung auf den Bereich des Bauwesens in Verbindung mit der Energieeinsparverordnung und erläutert in dem Zusammenhang die Vorteile der Wärmepumpentechnik im Vergleich zu konventionellen Heiztechniken. Auf der einen Seite wird damit die Erdwärme mit Wärmepumpe durch diese gesetzliche Verordnung gefördert und auf der andern Seite, wie unter Gliederungspunkt 2.4 ersichtlich wird, erweist sie sich im Vergleich mit anderen Heizungssystemen als wirtschaftlichste. Aus diesen Erkenntnissen heraus wird dann die Entwicklung des Wärmepumpenabsatzes der letzten zehn Jahre aufgezeigt und die Möglichkeit, als Bohrunternehmen an diesen rasant aufsteigendem Segment der Bauwirtschaft teilzuhaben, dargestellt. Einleitend für das darauf folgende Kapitel 3 „Geothermie" wird unter Gliederungspunkt 2.6 die Wärmepumpentechnik ausführlich erklärt, da diese die Vorraussetzung zur Nutzbarmachung der oberflächennahen Erdwärme darstellt.

2.1 Energiequellen, Erscheinungsformen und Nutzung

Alle sich auf der Erde befindliche Energie wird den drei Primärenergiequellen Sonne, Erdwärme, und Planetengravitation zugeordnet. Dessen Erscheinungsformen und Wirkungen lassen sich, einzeln und zusammen wirkend zuordnen. Die folgende Darstellung erläutert dies.

nuklear				nicht nuklear	Energievorräte bzw. - quellen
Atomkerne Fusion | Spaltung	Sonnenenergie		Erdwärme	Planetengravitation und - bewegung	
	vergangene solare Strahlung	gegenwärtige solare Strahlung			Energieerscheinungsformen bzw. ihre Wirkung
Licht Wärme	Kohle Erdöl Erdgas sonst. fossil biogene Energieträger	Globalstrahlung Wärme der Atmosphäre Wärme der Meere Wärme in der Erdoberfläche Verdunstung und Niederschlag Wind Wellen Meeresströmung Biomasse	Wärme	Gezeiten	
nichtregenerative Energien bzw. - träger		regenerative Energien bzw. - träger			

Abb. 1: Energiequellen

Die Abbildung verdeutlicht lediglich die wesentlichen Zusammenhänge, um einen Einstieg in die Thematik zu geben. Eine eindeutige Zuordnung ist aufgrund der Komplexität, der gegenseitigen Beeinflussung der Energiequellen nicht möglich. Die Erscheinungsform Wind, resultiert beispielsweise unter anderem aus Atmosphärenbewegung, die durch Planetenbewegung, Sonneneinstrahlung als auch von Wärmeenergie des Erdreiches hervorgerufen wird. Die Bezeichnung regenerative – bzw. nicht regenerative Energie ist abhängig vom betrachteten Zeitraum. So ist die solare Strahlung der Sonne irgendwann erschöpft, jedoch für menschliche Dimensionen unerschöpflich also regenerativ. Um die regenerativen Energiequellen und ihre Erscheinungsformen umzuwandeln in End.- und Nutzenergie, kommen in Deutschland im Wesentlichen folgende Verfahren zur Anwendung.

2.1.1 Solarenergie

Von der Sonne geht Energie-Strahlung aus, die auf der Erde direkt oder indirekt genutzt werden kann. Direkt durch Sonnenkollektoren zur Bereitstellung von Wärme, oder durch Photovoltaikanlagen zur direkten Umwandlung in elektrischen Strom. Indirekt, durch den globalen Wasserkreislauf gespeiste Wasserkraftwerke, oder durch die Atmosphärenbewegung auftretende Winde mit dessen Bewegungsenergie Windkraftwerke arbeiten. Biomasse entsteht durch Prozess der Photosynthese, wofür Sonneneinstrahlung die Voraussetzung bildet. Daher ist Biomasse ebenfalls indirekt Solarenergie die durch Verbrennungs- oder Vergärungsanlagen mechanische, chemische, thermische und/oder elektrische Energie liefert[3].

2.1.2 Erdwärme

Erdwärme wird genutzt zur Bereitstellung von thermischer, mechanischer oder elektrischer Energie. Aufgrund der Gegebenheiten in Deutschland hat sich vorerst die Nutzung von Wärme, die mit Hilfe von Wärmepumpen bereitgestellt wird, etabliert sowie eine großtechnische Nutzung der Tiefengeothermie zur Wärmebereitstellung für Fernwärme und Industriewärme aber auch Stromerzeugung durch Wärme-Kraft-Kopplung[4].

2.1.3 Planetenbewegung

Durch die Planetenbewegung und -gravitation verursachten Gezeiten, wird mit Strömungskraftwerken bei Tiedenhub Wasser aufgestaut, bei Niedrigwasser wieder abgelassen und mittels Turbinen elektrischer Strom erzeugt[5]. Diese Technik leidet jedoch unter hoher Korrosionsanfälligkeit und beeinträchtigt das Ökosystem. Außerdem sind diese Systeme, für Deutschland aufgrund der geringen Strömungsgeschwindigkeiten an Nord- und Ostsee für den Energiemarkt uninteressant[6].

2.2 Potential der Erdwärmenutzung in Deutschland

Die von den zurzeit genutzten Primärenergieträgern in Deutschland ausgehenden Gefahren auf die Umwelt, bestehen zum einen aus deren ordnungsgemäßen Nutzung und den dadurch freigesetzten Stoffen und zum anderen aus Transport, Lagerung und Gewinnung der Rohstoffe. 2005 wurden 795 Mt (CO_2) Kohlendioxid, 1.263 kt (NO_2)Stickstoffoxide, 448 kt (SO_2)Schwefeldioxid, 3464 kt (CO) Kohlenmonoxid und 108 kt Staub freigesetzt[7]. Durch den Einsatz moderner Technik und dem Rück-

---

[3] Vgl. Kaltschmitt, M.;W. Streicher; A. Wiese (Hrsg.): Erneuerbare Energien 2006, Kapitel 3 und 4.

[4] Vgl. Kaltschmitt, M.;W. Streicher; A. Wiese (Hrsg.): Erneuerbare Energien 2006, Kapitel 8 und 9.

[5] Vgl. Kaltschmitt, M.;W. Streicher; A. Wiese (Hrsg.): Erneuerbare Energien 2006, Anhang A.2.1 Gezeitenkraftwerke.

[6] Vgl. Gailfuss, M.; BHKW - Infozentrum Rastatt: Meeresströmung , Rastatt.

[7] Vgl. BMWi, (2007.): Energiedaten, Tabelle 9.

gang des Kohleverbrauchs, konnten diese beiweiten geringeren Werte im Vergleich zu 1990 erreicht werden als noch 948 Mt (CO_2), 2.728 kt (NO_2), 5.258 kt (SO_2), 11.443 kt (CO) und 2.343 kt Staub emittiert wurden. Auslöser dieser Entwicklung sind die Umweltschutzauflagen, die durch den Gesetzgeber insbesondere schon in den siebziger und achtziger Jahren eingeführt wurden. Die Wärmepumpentechnik in Verbindung mit Erdwärmesonden kann helfen, weitere Einsparungen zu erreichen. So wurde in einer Studie zum Baden-Württembergischen Förderprogramm „oberflächennahe Geothermie“ aufgezeigt, wie sich durch die Förderung von Erdwärmesonden und Wärmepumpen hohen Einsparungen im CO_2 Ausstoß erreichen lassen. Durch die Installation von ca. 1458 geförderten Anlagen konnte eine CO_2 - Einsparung von 6380 t pro Jahr erreicht werden[8]. Dieses Einsparungspotential erscheint zunächst von nicht wesentlicher Bedeutung zu sein, hält jedoch die derzeitige Entwicklung von jährlich 24000 verkauften Wärmepumpen an[9], ergeben sich durchaus nennenswerte Einsparungen. Nach Einschätzung des Energiereport IV von 2005[10] „Die Entwicklung der Energiemärkte bis zum Jahr 2030“ steigt der Weltenergieverbrauch zukünftig um 60 %. Durch die damit verbundene Erhöhung der Nachfrage und die Begrenztheit der fossilen Energieträger, sowie den Anforderungen aus den Kyoto Protokoll zur Senkung der CO_2 Emissionen, wird der Einsatz alternativer Energien unausweichlich. Im Jahr 2005 lag in Deutschland der Endenergieverbrauch bei 9.299,4 PJ[11]. Davon wurde zur Erzeugung von Raumwärme 32,0 %, für Warmwasser 5,1 %, für sonstige Prozesswärme 20,8 % für Beleuchtung 2,0 % und für mechanische Energie 40,1 % benötigt. Daraus ergibt sich, dass für die Wärmeerzeugung im Allgemeinen am meisten Energie verbraucht wird, nämlich 57,9 %. Speziell bei den privaten Haushalte, die im Jahr 2005 2.731,5 PJ Endenergie verbrauchten, ist festzustellen, dass 86,5 % davon für Raumwärme und Warmwasser zur Anwendung kam. Die Erdwärmetechnik birgt in diesem Bereich ihr größtes Potential als direkter Wärmelieferant und hilft somit, die Abhängigkeit von den fossilen Energieträgern zu verringern. Unter den regenerativen Energieträgern hat die Erdwärme einen besonderen Stellenwert, da sie im Gegensatz zur Solarthermie unabhängig von Wind, Wetter, Tag und Nacht zur Verfügung steht.

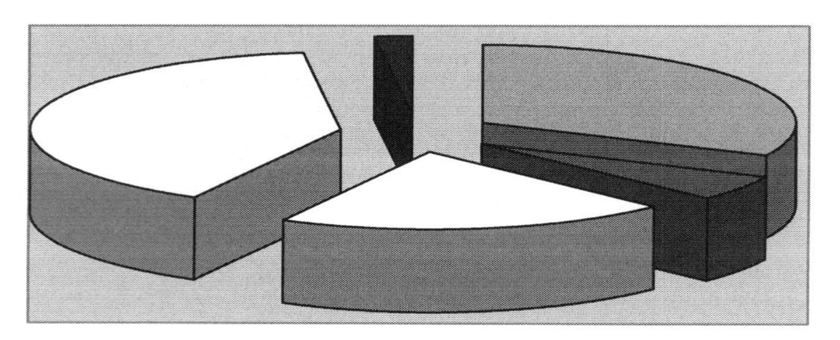

Abb. 2:Verteilung des Endenergieverbrauches

2.3 Begünstigte Heizungsanlagen der EnEV

Mit der Energieeinsparverordnung (EnEV) aus dem Jahre 2002 trägt der Gesetzgeber dem bisher dargestellten Sachverhalt zur Einsparung von Primärenergieträgern und der Reduzierung des CO_2 Ausstoßes Rechnung, indem bestimmte Anforderungen erfüllt werden müssen, um eine Baugenehmigung zu erhalten. Die Verordnung betrachtet den gesamten Primärenergiebedarf eines Hauses und ist

---

[8] Vgl. *Sawillion, M.*: baden-württembergisches Förderprogramms, Kapitel 5.

[9] Vgl. Erdwärmezeitung, iwr-pressedienst, Geothermie (Erdwärme) 24000 Anlagen in 2006.

[10] Vgl. Energiewirtschaftliches Institut an der Universität zu Köln (2005), Energiereport IV,S. V.

[11] Vgl. BMWi, (2007.): Energiedaten, Tabelle 7.

damit ein Instrument des Gesetzgebers zur Senkung des Energieverbrauchs von Gebäuden und des CO_2 Ausstoßes. Grundsatz ist die Bewertung der Endenergie, durch Einstufung der dafür benötigten Primärenergie. So wird beim Einsatz von Strom zum Heizen berücksichtigt, dass damit 300 % der Primärenergie erforderlich ist, um 100 % Endenergie im Gebäude zu erhalten. Bei Strom liegt dieser Verlust bei der Umwandlung im Kraftwerk begründet. Gas benötigt beispielsweise nur 110 % Primärenergie um 100 % Endenergie in Form von Wärme bereitzustellen, da es direkt im Gebäude verbrannt wird und nahezu die gesamte im Gas enthaltene Energie in Wärme umgewandelt werden kann. Die Wärmeschutzverordnung von 1995 (WSchV`95), als Vorgänger der EnEV stellte lediglich Anforderungen an den baulichen Wärmeschutz und forderte somit einen Mindestwärmeschutz, welcher weiterhin Gültigkeit besitzt, aber die Effizienz der Anlagentechnik außer Acht lässt.

Die EnEV verbindet die Aspekte der Anlagentechnik mit den Aspekten des baulichen Wärmeschutzes und bietet Planern dadurch die Möglichkeit selbst zu entscheiden, wie der Jahresprimärenergiebedarf eines Gebäudes eingehalten wird. Ihm steht offen, ob er über eine hohe Wärmedämmung den Jahres - heizwärmebedarf senkt oder durch eine geringe Anlagenaufwandszahl einer besonders effektiven Heizungsanlage. Hier hat die Wärmepumpentechnik große Vorteile, weil sie am effektivsten arbeitet, indem sie auf wenig Primärenergie angewiesen ist. Das heißt, die Wärmepumpe ist nicht auf fossile Brennstoffe angewiesen, sondern holt sich die Energie aus der Umgebung, indem sie ihr Wärme entzieht, wie zum Beispiel dem Erdreich oder der Luft. Dieser Vorgang benötigt in den meisten Fällen Strom oder mechanische Energie zur Verdichtungsarbeit des Kompressors, welche aus Primärenergieträgern stammt. Es wird zwar schon Primärenergie verwendet, jedoch im viel geringeren Maße. Die Endenergie besteht dann zum einen Teil aus regenerativen Energieträgen und zum anderen Teil aus Primärenergieträgern. Daher ist es möglich, mit Wärmepumpen Anlagenaufwandszahlen unter 1,00 zu erreichen und somit an der Wärmedämmung des Gebäudes zu sparen oder auch Niedrigenergiehäuser zu realisieren. Das KfW Programm „Ökologisch Bauen“[12] fördert die Errichtung von KfW – Energiesparhäusern 40 und 60, indem günstige Kredite in Aussicht gestellt werden. Ein Energiesparhaus 60 darf unter anderem, den Jahres-Primärenergiebedarf von 60 kWh pro m² Gebäudenutzfläche nicht überschreiten. Um diese Vorgaben zu erfüllen, muss das Haus sehr gut gedämmt und mit einer effektiven Heizungsanlage ausgestattet sein. Diese Anforderungen werden derzeit am effizientesten von der Wärmepumpentechnik erfüllt. Andere Heizsystemsysteme mit den erforderlichen niedrigen Anlagenaufwandszahlen erweisen sich, wie dem folgenden Abschnitt zu entnehmen ist als zu kostenintensiv.

2.4 Vergleich mit anderen Heizungssystemen

Derzeit existieren vielfache Berechnungen und Empfehlungen, die analysieren, welches Heizungssystem sich derzeit am wirtschaftlichsten erweist. Als unabhängige Zeitung wird nun ein Artikel der Focus – Online angeführt, in dem aktuelle Berechnungen von 2007 veröffentlicht sind, aus denen hervorgeht, welche Heizungsanlagen derzeit die wirtschaftlichsten und preiswertesten sind[13]. Dazu wurde für einen typischen Muster – Einfamilienhausneubau mit 120 m² und jährlich 50 kWh/m² Energiebedarf die Anschaffungskosten und laufenden Betriebskosten für verschieden Heizungssysteme kalkuliert.

[12] Vgl. KfW Förderbank: Ökologisch Bauen.

[13] Vgl. Lepper, R. FOCUS-Online (2007): Heizkosten.

Die Anschaffungskosten der Heizanlagen

Heizsystem	Gas-Brennwert-Therme	Öl-Brennwert-Therme	Holzpellet-Heizung	Gastherme, Solarkollektoren	Wärmepumpe mit Erdsonden
Gerät, Regelung, Zubehör, Speicher, Fördertechnik	5000	5600	11 500	5000	8900
Schornstein	–	1300	1200	–	–
Installation	1000	1000	1300	1900	1200
Energieanschlüsse, Tanks, Lagerraum vorhanden, Kollektoren, Absorber	1800	1500	–	7800	2800
abzüglich Förderung	–	–	– 1000	– 700	–
Investitionskosten insgesamt	7800	9400	13 000	14 000	12 900

Abb. 3a: Die Anschaffungskosten der Heizanlagen

Für die Berechnung der Gesamtkosten und laufenden Betriebskosten wurde angenommen, dass der Energiekosten-Grundpreis für Gas 240 Euro und 50 Euro für Wärmepumpe beträgt. Die Wartungskosten nach VDI 2067 zwischen 0,5 und 1,25 Prozent des Anschaffungswertes und der Energiepreise/kWh für Gas 7 Cent, Öl 5,9 Cent, Pellet 5,1 Cent, Wärmepumpenstrom 12 Cent und Strom im Normaltarif 18 Cent beträgt. Jahreswirkungsgrad für Öl 93 %, Gas 97 %, Pellet 90% und als Jahresarbeitszahl der Wärmepumpe in Verbindung mit der Wärmequelle Erdreich 4,2. Die Wirtschaftlichkeitsberechnung wurde nach der Annuitätenmethode aufgestellt und die Abschreibung auf 20 Jahre Lebensdauer nach VDI 2067 sowie 50 Jahre für den Schornstein und 40 Jahre für die Erdsonde. Im Weiteren wurden Zinskonditionen von 4,5 Prozent sowie 10 m² große Solarkollektoren und 35° C Heizwasservorlauftemperatur in Verbindung mit Fußbodenheizung angenommen. Auf Basis dieser Annahmen ergeben sich folgende Werte.

Die Gesamtkosten der fünf Heizsysteme

Heizsystem	Gas-Brennwert-Therme	Öl-Brennwert-Therme	Holzpellet-Heizung	Gastherme, Solarkollektoren	Wärmepumpe mit Erdsonden
Heizenergie pro Jahr	9794 kWh	10 215 kWh	10 556 kWh	6790 kWh	2317 kWh
Reglerstrom pro Jahr	600 kWh	600 kWh	800 kWh	650 kWh	540 kWh
Energiekosten, inkl. Grundpreis (in Euro)	1033	711	682	832	393
Instandhaltung, Versicherungen etc. (in Euro)	180	300	260	250	60
Abschreibung, Zinsen (in Euro)	558	722	876	1080	884
Wärmekosten (in Euro)	1771	1733	1818	2162	1337
Stand: 1.2.2007					

Abb. 3b: Die Gesamtkosten der fünf Heizsysteme

Günstigstes Heizsystem ist demnach die Erdreichwärmepumpe. Die Investitionskosten sind zwar deutlich höher als beispielsweise für eine Gas – Brennwerttherme, aber durch die geringen Kosten im laufenden Betrieb, ergibt sich für die gesamte prognostizierte Nutzungsdauer eine Vorteil von 434 € pro Jahr im Vergleich zur Gas-Brennwerttherme.

Der Erfolg der Wärmepumpentechnologie am Markt ist von der Entwicklung des Strompreises im Verhältnis zu den anderen Primärenergieträgern abhängig. Steigt der Strompreis, liegt dies größtenteils darin begründet, dass sich die Primärenergieträger wie Öl, Gas und Kohle verteuern. Damit steigen auch die Kosten der konventionellen Heizungssysteme, so dass die Wärmepumpe im Vergleich der laufenden Kosten immer besser abschneiden wird. Aus dem Energiereport 4 des energiewirtschaftlichen Institutes der Universität zu Köln von 2005 geht hervor, wie sich die Strompreise bis 2030 voraussichtlich Entwickeln werden. Dabei wurde berücksichtigt, dass die weltweite Nachfrage nach Primärenergieträgern stark steigen und analog die Kosten für Öl, Gas und Kohle. Die daraus resultierende Verteuerung des Stroms wird aber kompensiert durch Verbesserung der Wirkungsgrade der Stromkraftwerke, so dass der reale Strompreis für Haushalte bei ca. 14 Cent / kWh (auf Eurobasis 2000) liegen wird[14]. Dies bedeutet für die Wärmepumpentechnik ebenfalls eine Erhöhung der Effektivität, da zur Erzeugung des Stroms zum Anlagenbetrieb weniger Primärenergie erforderlich wird. Dagegen bekommen konventionelle Heiztechniken die Verteuerung der Rohstoffe voll zu spüren und werden damit im Gegensatz zur Wärmepumpe noch unwirtschaftlicher.

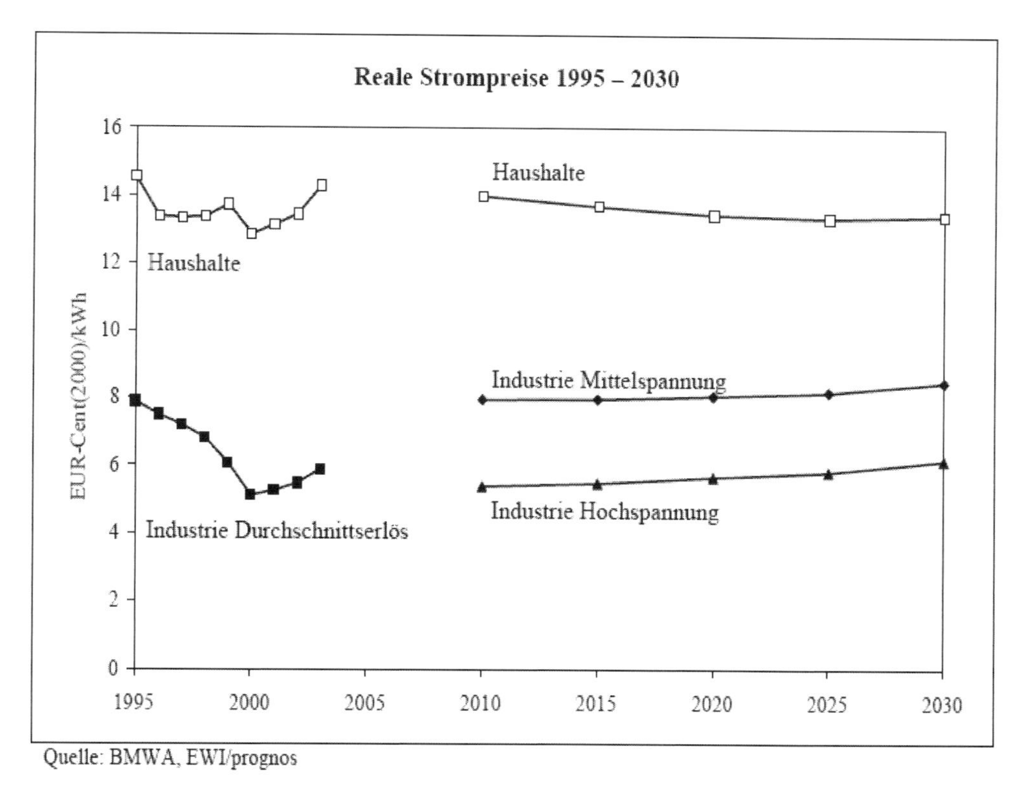

Abb. 4: Strompreisentwicklung

2.5 Partizipieren am Markt

Der Markt für Wärmepumpen in Verbindung mit Erdwärmesonden wächst kontinuierlich. Abb.5 verdeutlicht die Entwicklung des Verkaufs von Wärmepumpen und derer Ausführung mit Erdwärmesondenanlagen. So wurden 1996 lediglich 100 Wärmepumpen mit Erdwärmesondenanlagen eingerichtet. Zehn Jahre später teilt die Wärmepumpenindustrie Verkaufszahlen des Jahres 2006 mit, in dem der Verkauf von Wärmepumpenanlagen auf 28600 gesteigert hat[15]. 2004 Betrug er Anteil an Wärmepumpen die als Wärmequelle das Erdreich nutzen ca. 50%. Wenn davon wiederum 70 % der Anlagen

[14] Vgl. Energiewirtschaftliches Institut an der Universität zu Köln (2005), Energiereport IV, Kapitel 4, Strompreisentwicklung.

[15] Vgl.: iwr-pressedienst, Geothermische Vereinigung e.V – Bundesverband Geothermie: Geothermie 24000 Anlagen in 2006.

Erdwärmesonden bedürfen, ergibt sich eine Anzahl von ca. 10.000 Stück. Aus dem Baden-Württembergischen Förderprogramm „Oberflächennahe Geothermie"[16] geht hervor, dass durchschnittlich 2,1 Erdwärmesonden mit 95 m Länge zu einem Preis von durchschnittlich 57,5 €/Bohrmeter je Wärmepumpenanlage verbaut wurden. Abgeleitet aus diesen Ergebnissen und kombiniert mit der oben genannten Stückmenge, ergibt sich ein Gesamtvolumen von ca. 2.000.000 Bohrmetern und damit ca. 115 Mio. Euro Umsatzerlös für das Jahr 2006.

Die wenigen Bohrfirmen, die in der Vergangenheit nahezu ausschließlich Brunnenbohrungen und Aufschlussbohrungen ausgeführt haben und diese Nachfrage weiterhin bedienen müssen, sind mit den zusätzlichen Anfragen für oberflächennahe Geothermiebohrungen überlastet, so dass Bauherren mit steigenden Preisen und Wartezeit von derzeit über einem halben Jahr zu rechnen haben.

Das Handwerk bildet in Norddeutschland nur an zwei Ausbildungstandorten Fachkräfte aus, die in der Lage sind und die Berechtigung erhalten, Bohrungen für Erdwärmesonden auszuführen. Zum einen in Bad Zwischenhain am ABC – Rostrup und zum anderen bei Berlin am ABC – Friesack. Zusammengezählt werden jedes Jahr ca. 60 Spezialtiefbauer ausgebildet. In diesem Bereich wurde bislang nicht berücksichtigt, dass die Nachfrage an Bohrungen und gleichzeitig an qualifizierten Arbeitskräften stark gestiegen ist. Seit 2007 findet, unter Druck der Industrie, ein Umdenken statt und es wird an den Ausbildungszentren nach Möglichkeiten gesucht, der Nachfrage gerecht zu werden, beispielsweise durch Verringerung der Einstiegsbeschränkungen für Quereinsteiger. Traditionell versucht sich das Handwerk gegen aufkommende Konkurrenz zu wehren. So wird derzeit diskutiert, einen Lehrgang einzurichten, der speziell auf das Einbringen von Erdwärmesonden ausgerichtet sein soll und die Komplexität des Brunnenbauens außer Acht lässt. Hieraus ergeben sich gute Möglichkeiten für Existenzgründer als Unternehmern an diesem neuen Markt zu profitieren, indem sich dieses speziell darauf ausrichtet, Bohrungen für Erdwärmesondern anzubieten und auszuführen.

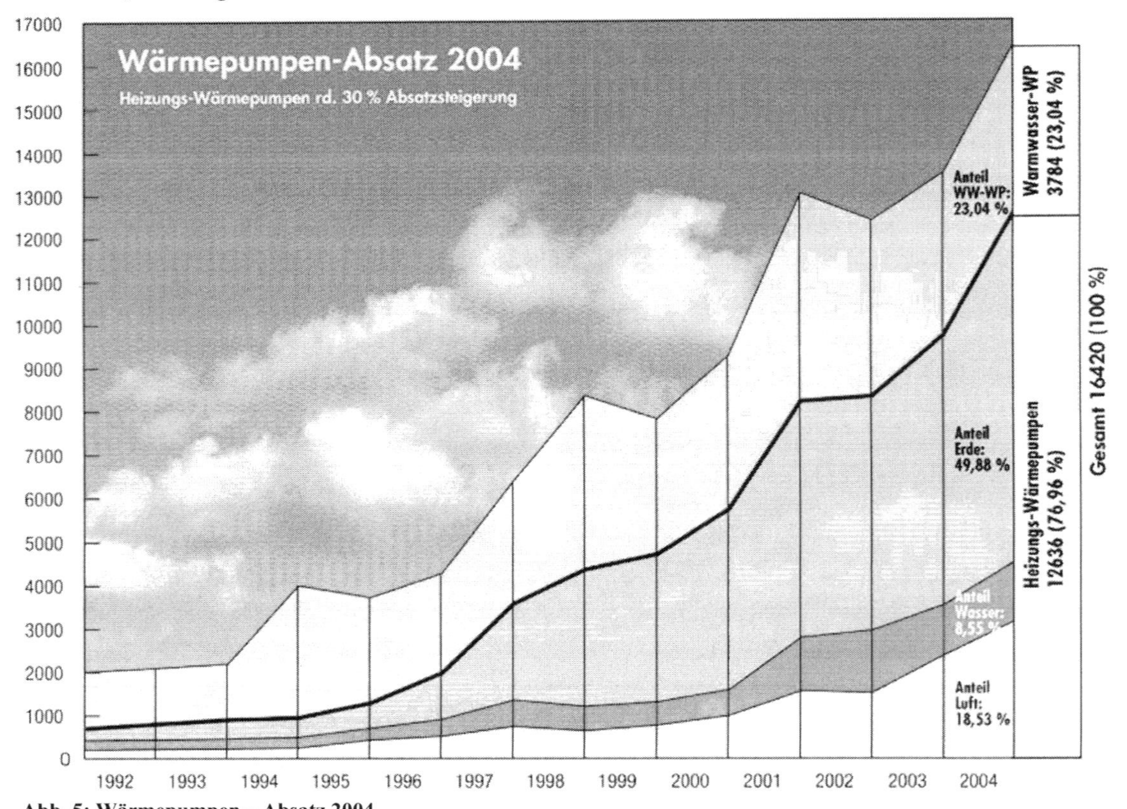

Abb. 5: Wärmepumpen – Absatz 2004

[16]Vgl.: Sawillion, M.: Baden-Württembergisches Förderprogramm.

2.6 Die Wärmepumpe

2.6.1 Funktionsweise von Wärmepumpe

Wie dem Prinzip der kommunizierenden Gefäße, unterliegt auch der Wärmefluss vom warmen zum kalten und vom kalten zum warmen Medium, diesem. Die Temperatur der Erde, der Luft oder des Grundwasser sind in der Regel zu gering, um direkt genutzt zu werden. Um die Wärme auf geringem Niveau nutzbar zu machen, muss sie auf ein höheres Niveau gebracht werden. Dies ist die Aufgabe der Wärmepumpe.

Es wird also Wärme dem umgebenden Medium entzogen und dann dem abgeschlossenen System, ein Haus beispielsweise, komprimiert, auf höherem Niveau, zugeführt. Dies geschieht durch den Kältemittelkreislauf[17] der in folgender Abbildung dargestellt wird.

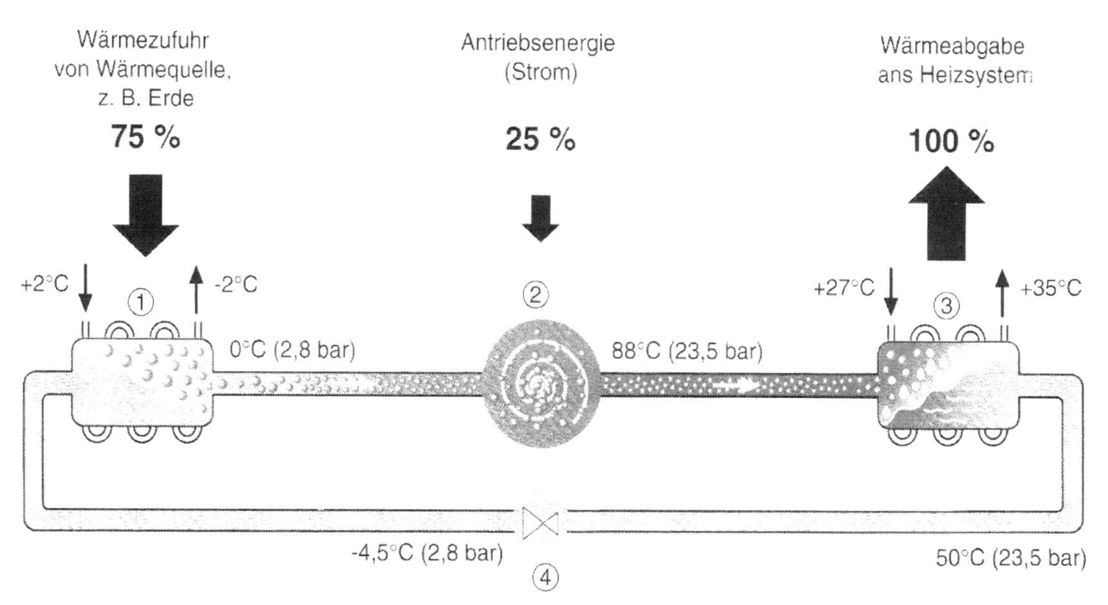

Abb.6: Prinzipschema Kältemittelkreis mit Kältemittel R407c.

1. Verdampfer

Bei Punkt 1 in der Darstellung verdampft das Kältemittel R407c und kühlt die Wärmequelle um 4°C ab. Die Wärme des Wärmequellenkreislaufes überträgt sich auf den Kältemittelkreislauf. Die Besonderheit dieses Kältemittels ist, dass es schon bei – 2°C und 2,8 bar verdampft. Durch die Änderung des Aggregatzustandes von flüssig zu gasförmig wird der Quelle zusätzlich Energie entzogen. In diesem Beispiel wird 75 % des Gesamtheizwärmebedarfs des Heizsystems durch die Wärmequelle bereitgestellt.

2. Kompressor

Im Kompressor wird das gasförmige Kältemittel verdichtet und somit auf ein höheres Temperaturniveau gehoben. Nach der Verdichtung hat das Kältemittel eine höhere Temperatur, als dies erforderlich

---

[17] Vgl. Junkers, Bosch Gruppe: Erdwärmepumpen, Seite 4.

für Heizung und Warmwasser ist. Die Verdichtung erfolgt mittels Elektromotoren oder Verbrennungsmotoren, wobei für Erstere der Kraftwerkswirkungsgrad zur Stromerzeugung in der Energiebilanz berücksichtigt wird. Die Wärme, welche beim Antrieb des Kompressors entsteht, fließt mit in den Wärmekreislauf ein, wodurch hierbei die restlichen 25 % der Wärme fürs Heizungssystem erlangt werden.

3. Verflüssiger

Der Verflüssiger wird auch Kondensator genannt, weil hier das unter hohem Druck stehende, gasförmige Kältemittel kondensiert und dabei Wärme an das Heizsystem abgibt. Dies erfolgt, wie auch beim Verdampfer, über einen Wärmetauscher, bestehend aus Platten – oder Rohrbündelwärmeüberträger. Das Kältemittel kühlt nun von 88°C auf 50°C im Verflüssiger herunter und ist nun flüssig, steht aber immer noch unter 23,5 bar Druck.

4. Expansionsventil

Um im Verdampfer wieder Wärme auf niedrigen Niveau aufnehmen zu können, strömt das Kältemittel durchs Expansionsventil, entspannt sich auf den Ursprungsdruck von 2,8 bar und hat letztendlich dann eine Temperatur von – 4,5 °C. Somit kann der Prozess wieder von vorn beginnen.

Der ganze Prozess spielt sich immer an der Grenze der Aggregatzustände von flüssig zu gasförmig ab. Das Wärmepumpenverfahren stellt eine sichere und zuverlässige Möglichkeit zur Nutzung von Wärmequellen bzw. Wärmespeichern dar. Zum Beispiel findet das Verfahren seit Jahrzehnten, in entgegen gesetzter Weise, Anwendung bei Kühlschränken. Die Wärmequelle ist der Kühlschrank, dem Wärme entzogen wird und dann über den Kältemittelkreislauf an den umgebenden Raum abgegeben. Diese Arbeitsweise findet besonders im Bereich der Büro - und Geschäftsgebäude Anwendung, wenn gekühlt werden soll. So kann mit erdgekoppelten - Wärmepumpensystemen dem Gebäude auch Wärme entzogen und dem Erdreich zugeführt werden. Dieses kann die Wärme speichern und zur Wärmebereitstellung im Gebäude wieder abgeben.

2.6.2 Effizienz von Wärmepumpen

Die Effizienz einer Wärmepumpe wird durch die Jahresarbeitszahl β dargestellt. Diese ergibt sich aus dem Verhältnis von der Gesamten, durch die Wärmepumpe bereitgestellten Jahresnutzwärme Q_{wp} und der innerhalb eines Jahres aufgenommenen elektrischen Energie W_{el} zum Betrieb. Eine Wärmepumpe mit der Jahresarbeitszahl β von 4 benötigt ¼ kWh elektrische Energie zur Bereitstellung von 1 kWh Wärme. Bei $\beta = Q_{wp}/W_{el}$ zum Beispiel für ein typisches Einfamilienhaus mit 15000 kWh/a benötigter Jahresnutzwärme und Wärmepumpenanlage mit einer Jahresarbeitszahl von 3,5 benötigt $W_{el} = Q_{wp}/\beta = 15000/3{,}5 = 4385{,}7$ kWh elektrische Energie. Des Weiteren gibt es als Ergänzung die Leistungszahl ε, als Kennzahl für Wärmepumpen bei speziell definierten Bedingungen, um diese untereinander zu vergleichen. Die Leistungszahl ε stellt das Verhältnis von nutzbarer Wärmeleistung P_H zur aufgenommenen elektrischen Antriebsleitung des Kompressors P_{el} dar und wird auch als COP (engl. Coefficient Of Performance) bezeichnet - $\varepsilon = P_H / P_{el}$. Überschlägig lässt sich die Leistungszahl für moderne Anlagen auch über die Temperaturdifferenz ΔT zwischen Wärmequelle und Heizsystem mit der Formel $\varepsilon = ((\Delta T+273)/\Delta T)\ /2$ bestimmen. Daraus ergibt sich auch der Vorteil von Fußbodenheizungen in Verbindung mit Wärmepumpen, da die Vorlauftemperatur mit ca. 35°C geringer ist als bei Radiatoren mit üblicherweise 50°C. Zum Beispiel bei der Wärmequelle Erdreich mit 0°C (übers Jahresmittel durch Wärmeentzug) und einer Vorlauftemperatur des Heizsystems von 50°C ergibt sich eine Leistungszahl von $\varepsilon = ((50+273)/50)\ /2 = 3{,}23$ und bei einer Fußbodenheizung mit 35°C eine Leistungszahl von $\varepsilon = ((35+273)/35)\ /2 = 4{,}40$ und bei Fußbodenheizung und der Wärmequelle

Grundwasser mit ca. 10°C sogar eine Leistungszahl von $\varepsilon = ((25+273)/25)\ /2 = 5{,}96$. Es gilt also generell, umso geringer die Temperaturdifferenz zwischen Quelle und Verbraucher, umso weniger muss der Kompressor leisten wodurch Stromkosten eingespart werden.

2.6.3 Wärmequellen für Wärmepumpen

Wie bereits erwähnt, lassen sich mit Wärmepumpen verschiedene Wärmequellen nutzen. Zum einen besteht die Möglichkeit Erdwärmekollektoren, großflächig horizontal in einer Tiefe von 1,20m bis 1,50 zu verlegen. Hierbei wird fast ausschließlich solare Energie genutzt, welche oberflächennah in den Warmperioden des Jahres von der oberen Bodenschicht gespeichert wurde. Zum anderen wird über Erdsonden, die vertikal bis zu einer Tiefe von 150 m installiert werden, geothermische Wärme des Erdinneren gewonnen. Es handelt sich hierbei um geschlossene Systeme, in denen ein Gemisch aus Wasser und Frostschutzmittel, auch als Sole bezeichnet, zirkuliert. Vorteil der Kollektoren gegenüber den Erdsonden ist der kostengünstigere Einbau, jedoch generieren sie einen hohen Platzbedarf und es besteht nicht Möglichkeit des Überbauens der Fläche. Die Leistung der Anlagen ist abhängig von den geologischen Verhältnissen vor Ort, so dass nicht pauschal ein Meter Sondenlänge, oder ein Quadratmeter Kollektorfläche der spezifischen Heizlast des Gebäudes zugeordnet werden kann. Dazu wird im Kapitel 3 „Geothermie“ näher eingegangen und der Wärmefluss im Erdreich in Abhängigkeit von der Geologie dargestellt. Fest steht jedoch, dass durch die jahreszeitlich relativ gleichmäßigen Temperaturen des Erdreiches sich hohe Wirkungsgerade der Wärmepumpe erzielen lassen, wenn die Wärmequellenanlage nicht unterdimensioniert wurde.

Anders verhält sich dies bei der Wärmequelle Außenluft. Zwar können diese Anlagen aus technischer Sicht auch das ganze Jahr betreiben werden, jedoch wenn im Winter Temperaturen von -14°C zu erwarten sind und gleichzeitig sehr hohe Mengen an Heizwärme bereitgestellt werden muss, führt dies zu einer sehr großen Auslegung der Anlage und der Notwendigkeit elektrischer Zuheizer an solchen Tagen mit Spitzenlast, was wiederum zu Unwirtschaftlichkeit dieser Systeme führt. Aus dem Grund sind Wärmepumpen, die als Wärmequelle die Außenluft nutzen, vorzugsweise in Gebieten einzusetzen mit relativ hoher Außentemperatur im Jahresmittel.

In dem Zusammenhang sei auch die Möglichkeit genannt, die Abluft eines Gebäudes als ergänzende Wärmequelle zu verwenden. Das System arbeitet mit Abluftkollektoren, die der Abluft Wärme entziehen und über Wärmetauscher und Wärmepumpensystem dem Gebäude wieder zuführen. Der Abluftkollektor erzeugt einen Unterdruck im Gebäude zum Ansaugen der Abluft, wozu eine exakte Planung der Lüftung und Dichtheit der Gebäudehülle gewährleiste sein muss, da ansonsten erhöhter Luftzug die Wohnqualität mindert.

Des Weiteren gilt die direkte Nutzung des Grundwassers als sehr effiziente Wärmequelle, da Grundwasser eine hohe spezifische Wärmekapazität und ein konstantes Temperaturniveau von 8 bis 12°C aufweist. Allerdings sind die Vorraussetzungen, eines ausreichend ergiebigen Grundwasserleiter nicht überall gegeben. Da es sich hierbei um ein offenes System handelt, bei dem aus einem Förderbrunnen Grundwasser entnommen, in der Wärmepumpe zur Wärmeübertragung genutzt und dann in einen oder mehreren Schluckbrunnen zurückgeleitet wird, besteht die Gefahr der Grundwasser Verunreinigung, weshalb vielfach wasserrechtliche Bestimmungen die Nutzungsgebiete einschränken. Wegen des erheblichen Aufwandes des Betriebes und der Einrichtung, wird die Grundwassernutzung vornehmlich für größere Objekte eingesetzt und nicht bei kleineren wie Ein.- und Zweifamilienhäuser, die den Focus der Betrachtung in dieser Arbeit darstellen.

3 Geothermie

Die folgenden Gliederungspunkte sollen aufklären, wie die Wärme im Erdreich entsteht und wie diese genutzt werden kann. Dazu wird unter Punkt 3.1 die Quelle der Wärme erläutert, in Kapitel 3.2 die Temperatur- Tiefenverteilung und der Wärmefluss in der oberen Erdkruste dargestellt, in Kapitel 3.3 die technischen Nutzungsmöglichkeiten für Erdwärme aufgezeigt, um abschließend in Kapitel 3.4 auf die besondere Möglichkeit der Nutzung mit Hilfe von Erdwärmesonden einzugehen.

3.1 Wärmequelle im Erdinneren

Die im Erdinneren enthaltene Wärme resultiert hauptsächlich aus der Gravitationsenergie der aufeinander prallenden Massen, welche sich bei der Entstehung der Erde vor 4,5 Milliarden Jahren, in Wärme umwandelte. In diesem Zeitraum strahlte sie zum großen Teil in den Weltraum ab[18]. Zu dieser Ursprungswärme addiert sich die Wärme aus dem natürlichen Zerfall langlebiger, radioaktiver Isotope, die kumuliert ca. 12 bis $24 \cdot 10^{30}$ J Wärme entsprechen und im Erdkörper enthalten ist. Die potentielle Wärmeproduktion aus dem zukünftigen Zerfall beträgt $12 \cdot 10^{30}$ J oder $30 \cdot 10^{30}$ J je nach Verteilung, da die Menge an radioaktiven Isotopen im Erdinneren nicht genauer bestimmt werden kann. Der an der Oberfläche messbare Wärmefluss in kontinentalen Gebieten besteht zu 50 bis 80 % aus radiogenen Prozessen in der Erdkruste und nur zu 20 – 50 % aus dem Energiezufluss von tieferen Schichten. Genaue Messwerte der Temperatur, oder der stofflichen Zusammensetzung, sind nur von der oberen Erdkruste durch Tiefenbohrungen, Untersuchung von Gesteinen die durch magmatische und tektonische Prozesse an die Oberfläche transportiert wurden und der Analyse seismographischer Wellen vorhanden. Die seismographischen Untersuchungen geben zudem auch Aufschluss über die Dichteverhältnisse im Erdinneren. Zusätzlich wurde durch Berechnungen über die Gesamtmasse der Erde, die sich durch ihre Gravitationskräfte auf andere Himmelskörper ergibt, eine mittlere Dichte von 5,52 g/cm³ ermittelt. Aus den Untersuchungen der Erdkruste konnte jedoch nur eine mittlere Dichte von 2,8 g/cm³ festgestellt werden, so dass dies schon auf wesentlich höhere Dichten im Erdinneren hinweist, was auch an der Untersuchung von Meteoriten nachvollzogen wurde[19]. Der Aufbau der Erde ist in der folgenden Abbildung dargestellt.

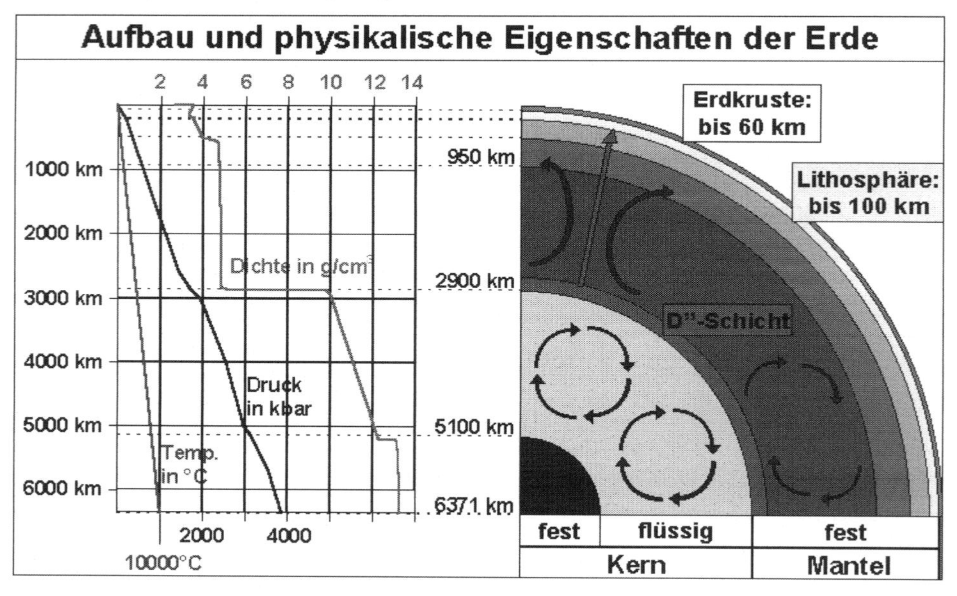

Abb. 7: Aufbau der Erde

---

[18] Vgl. Rummel, F; O. Kappelmeyer (Herg.): Energieträger der Zukunft?, Seite 9.

[19] Vgl. Kaltschmitt, M. ; E. Huenges, H. Wolff (Herg.): Energie aus Erdwärme; Seite 26 – 31.

3.2 Temperatur- Tiefenverteilung und Wärmefluss

3.2.1 Wärmefluss aus dem Erdinneren

Der Wärmefluss wird unterschieden in einen konduktiven Anteil, der aus dem Erdinneren über festes Gestein geleitet wird und in einen konvektiven Anteil, dessen Transport durch Flüssigkeiten geschieht. Der konduktive Anteil ist abhängig von der Wärmeleitfähigkeit der Gesteine, die unter anderem von der chemisch – mineralogischen Zusammensetzung, der Dichte, der Kornkontakte und Porosität bestimmt wird. Für den konvektiven Wärmestrom ist die Strömungsgeschwindigkeit der Fluide im Gestein von Bedeutung, die nach Darcy unter Berücksichtigung der Permeabilität also der Durchlässigkeit, der Viskosität und des Druckunterschiedes, berechnet werden kann. Die Temperatur- Tiefenverteilung in der oberen Erdkruste wurde mit Tiefenbohrungen an verschiedenen Punkten der Erde gemessen[20]. Für Deutschland ergibt sich daraus folgender mittlerer Temperaturanstieg mit zunehmender Tiefe:

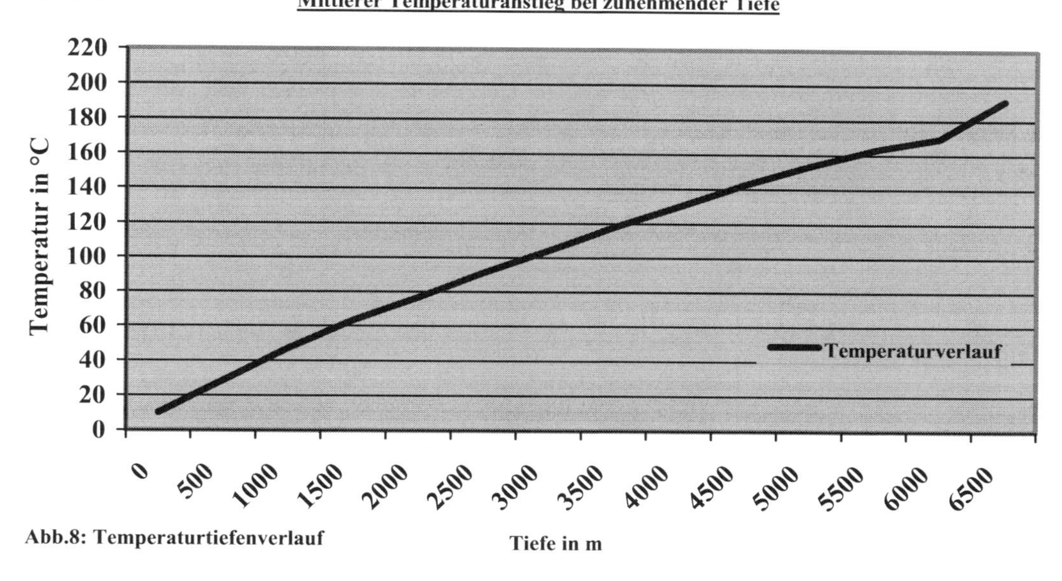

Abb.8: Temperaturtiefenverlauf

Die Grafik verdeutlicht den mittleren Temperaturgradienten für Deutschland von ca. 30°C pro Kilometer in die Tiefe. In vielen Regionen der Erde ist dies, je nach geothermischer Anomalie und tektonischer Aktivität, anders. In Island, einem jungen Krustengebiet herrschen in einigen hundert Meter 1000°C, im Gegensatz zu alten Erdkrustengebieten wie Südafrika wo in 3 Kilometer tiefen Goldbergwerken nur 60°C gemessen werden.

Der natürliche Wärmestrom p (Wärmestromdichte) vom Erdinneren zur Erdoberfläche ergibt sich aus der Wärmeleitfähigkeit k der anstehenden Erdschichten, multipliziert mit dem Temperaturgradienten $\Delta T/\Delta z$. Für Deutschland errechnet sich mit der mittleren Wärmeleitfähigkeit k von 2,2 (W/m ·K) für die obere kontinentale Erdkruste und dem ermittelten Temperaturgradienten k von $\Delta T = 30$ K geteilt durch $\Delta z = 1000$ m gleich 0,03 (K/m), ein Mittelwert für den Wärmestrom von 65 mW/m². Die Temperatur an der Erdoberfläche ist von dieser geringen Wärmeleistung jedoch nicht bedeutend beeinflusst, da durch die Sonne $1{,}35 \cdot 10^6$ mW/m² erzeugt werden[21].

---

[20] Vgl.: Clauser, C.: Thermal Signatures, 2.2.1 Inversion of Borhole Temperature Data, Seite 21ff.

[21] Vgl.: Rummel, F. ; O. Kappelmeyer (Hrsg.): Energieträger der Zukunft?; Seite 13.

3.2.2 Wärmeeintragung durch die Sonne

Die Einstrahlung der Sonne verursacht folgenden, in den nächsten Grafiken zu erkennenden, jahreszeitlichen Verlauf der Temperatur an der Erdoberfläche und dessen Auswirkung in die Tiefe.

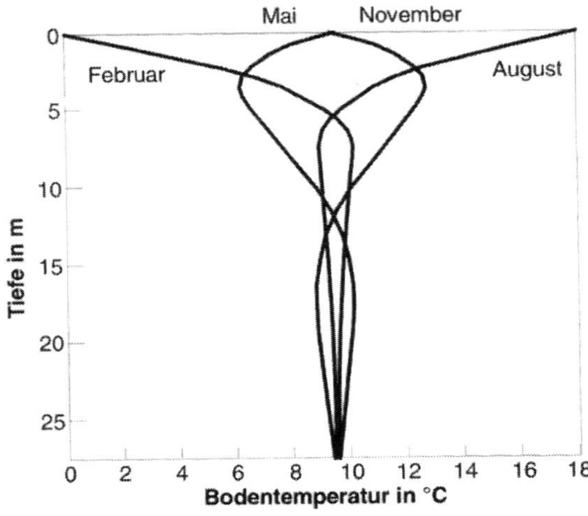

Abb.9: Bodentemperatur im oberflächennahen Erdreich

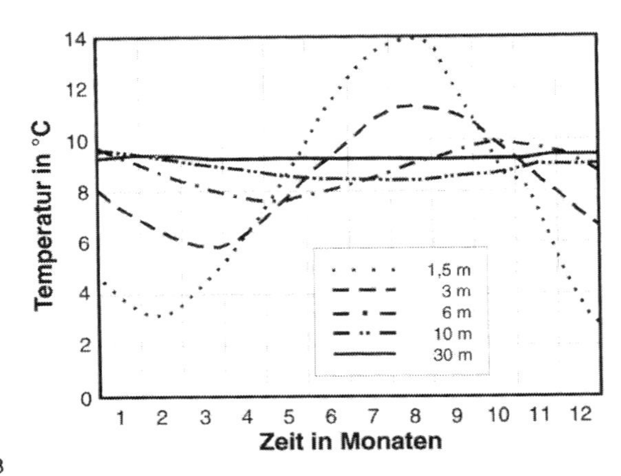

Abb. 10: Jahresgang der Temperatur in verschiedenen Tiefen

In Abbildung 9 sind vier Kurven der Monate Februar, Mai, August und November dargestellt mit deren jeweiligen Temperaturverlauf in zunehmender Tiefe. Die gleiche Aussage enthält auch Abbildung 10, jedoch werden hier fünf Kurven der Tiefen 1,5, 3, 6, 10 und 30 Meter im jahreszeitlichen Verlauf mit jeweiliger Temperatur gezeigt.

Im Februar erreicht die Temperatur in 1,5 m Tiefe ein Minimum von 2°C, dies ist zurückzuführen auf die kalten Umgebungstemperaturen in den Wintermonaten, aber schon in 6 Metern Tiefe ist durch den Energieeintrag aus Sommer und Herbst immer noch ein Maximum von 6°C zu verzeichnen. Im Mai hat sich die Temperatur an der Oberfläche im Durchschnitt schon auf bis zu 10°C erhöht, beträgt jedoch in 3 Metern Tiefe nur 7°C durch die winterliche Auskühlung. Der Einfluss der Sonneneinstrahlung erstreckt sich im Jahresverlauf auf Tiefen bis zu 30 m. Daran schließt sich die neutrale Zone an, bei der die Jahrestemperaturschwankung nicht mehr als 0,1 °C beträgt. Maßgebend hierfür ist neben der Wärmeleitfähigkeit des Bodens und der regional variierenden mittleren Umgebungstemperatur der Erdoberfläche, der Wärmetransport durch solar erwärmte Grundwässer. Zum einen weist grundwassergesättigter Boden eine höhere Wärmeleitfähigkeit auf, die den Wärmestrom aus der Erdkruste nach oben und von der Erdoberfläche nach unten begünstigt, zum anderen beschleunigt erwärmtes Sickerwasser den Wärmetransport, von der durch solare Strahlung stark aufgeheizten oberen Bodenschicht, in tiefere.

3.2.3 Bedeutung des Grundwassers für geothermische Nutzungen

Trockenes Gestein hat eine schlechte Wärmeleitfähigkeit und damit eine wesentlich geringere entziehbare Wärmeleistung als wassergesättigtes Gestein. Daher besitzt Grundwasser eine entscheidende Bedeutung für die Entzugsleistung geothermische Anlagen. Durch den Wärmeentzug entsteht im Untergrund ein thermischer Entzugstricher, vergleichbar mit dem Absenktrichter eines Förderbrunnen. Bei fließendem Grundwasser ist somit der Wärmetransport aus dem umgebenden Erdreich beschleunigt. Zu beachten ist jedoch, dass Erdsonden nicht hintereinander, also nicht parallel zur Grundwasserfließrichtung eingebracht werden, da sich dieser Effekt sich sonst negiert und die hinteren Sonden von abgekühltem Grundwasser umflossen würden. So muss auch bei der direkten Nutzung des Grundwassers mittels Schluck- und Förderbrunnen beachtet werden, dass der Förderbrunnen in Fließrichtung des Grundwassers vor dem Schluckbrunnen positioniert wird, um diesen nicht mit thermisch bereits genutztem Wasser zu beeinflussen. Allerdings ist es schwierig die lokalen hydrogeologischen Situationen einzuschätzen. Die Grundwasserströmungsrichtung verläuft von Grundwasserneubildungsgebiet zu Entlastungsgebiet, wobei die Neubildungsgebiete häufig morphologisch höher gelegene und die Entlastungsgebiete niedriger gelegene Regionen darstellen, so dass man sich dabei an Höhenplänen orientieren muss. Die Grundwasserströmungsgeschwindigkeit hängt wiederum von der Durchlässigkeit der Gesteine und dem hydraulischen Gefälle ab.

3.2.4 Wärmeregime im Untergrund

Zusammenfassend lässt sich das Wärmeregime im Untergrund folgendermaßen darstellen.

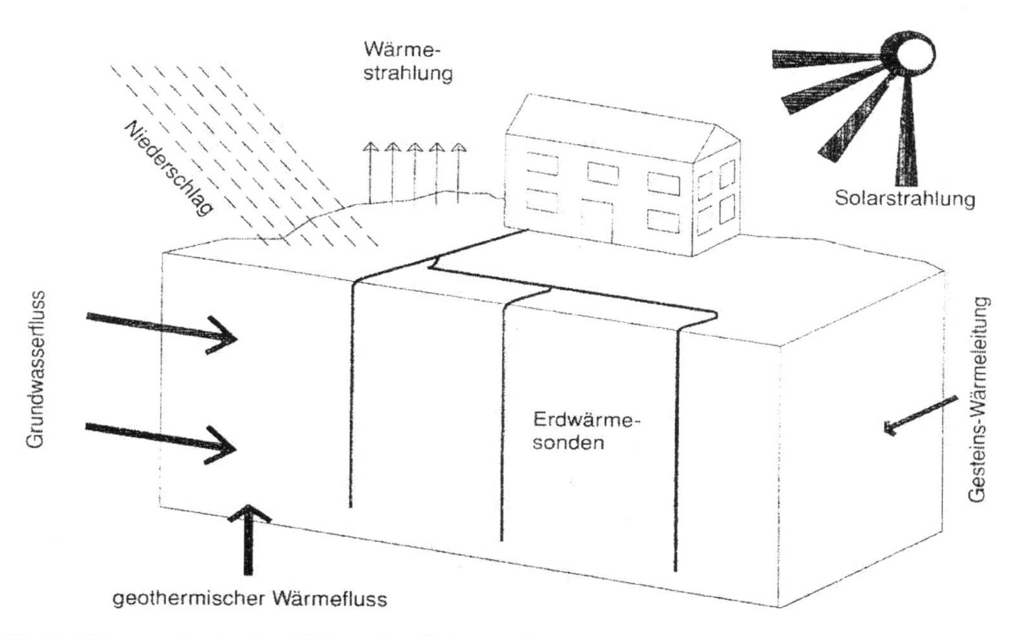

Abb. 11: Wärmeregime im oberflächennahen Untergrund

Wärme die dem Untergrund entzogen wird, regeneriert sich aus dem geothermischen Wärmefluss des Erdinneren, der Wärmeleitung der Gesteine, dem Grundwasserfluss, der Solarstrahlung, und dem Sickerwasser zusammen mit dem einhergehenden Niederschlag[22]. Aus Messungen an der Erdwärmesondenanlage Elgg im Schweizer Kanton Zürich geht hervor, dass diese Erdwärmeanlagen über lange Zeit funktionsfähig sind und der Wärmefluss aus der Umgebung, die durch die Erdwärmesonde entzogene Wärme, ausgleicht. Bei der Anlage handelte es sich um eine 105 m lange Koaxial – Erdwärmesonde mit einer Entzugsleitung von 45 W/m und 90 kWh/ (m · a) Entzugsarbeit. Um die Umgebungstemperaturen im Erdreich zu erfassen, wurden zwei weitere Bohrungen in 0,5 m und 1,0 m Entfernung ebenfalls auf 105 m abgeteuft. Die Messergebnisse ergaben für die ersten zwei Jahre eine Abkühlung der Umgebung der Erdsonde um 1 bis 2 Kelvin, jedoch blieb die Temperatur die folgenden Jahre konstant auf dem Niveau, so dass auf eine zeitlich unbeschränkte Dauer Wärme zur Verfügung steht[23].

---

[22] Vgl. VDI 4640 Blatt 1: Thermische Nutzung der Untergrundes, S. 11.
[23] Vgl. Eugster, W.J.; L.Rybach (Hrsg): Langzeitverhalten von Erdwärmesonden, S. 65-69.

3.3 Nutzungsmöglichkeiten der Erdwärme

Die im Erdreich enthalten Wärme kann auf verschiedene Weise genutzt werden. Das folgende Bild aus der Publikation „Geothermie – Nutzung der Erdwärme"[24] von dem Bundesamt für Energie der Schweiz, zeigt die zurzeit gängigen Methoden zur Nutzung der Erdwärme für die verschiedenen Tiefen und zu versorgenden Objekte. Hieraus kann abgeleitet werden, dass je tieferes Erdreich erschlossen wird, desto mehr potentielle Wärme steht zur Versorgung größerer Gebäude oder Anlagen zu Verfügung.

Grundwassernutzung, Erdkollektoren und Erdwärmesonden werden vornehmlich zum Beheizen von Ein – und Mehrfamilienhäusern mit Hilfe von Wärmepumpen genutzt. Erdwärmesondenfelder sind in der Lage, größere Objekte wie Wohnblöcke und Geschäftshäuser zu versorgen. Tiefe Aquifere können zum Betreiben ganzer Fernwärmenetz von Kleinstädten genutzt werden. Die Tiefen Geothermie, bei der Temperaturen von bis zu 200°C erreicht werden, ermöglicht dies sogar die Erzeugung elektrischen Stroms.

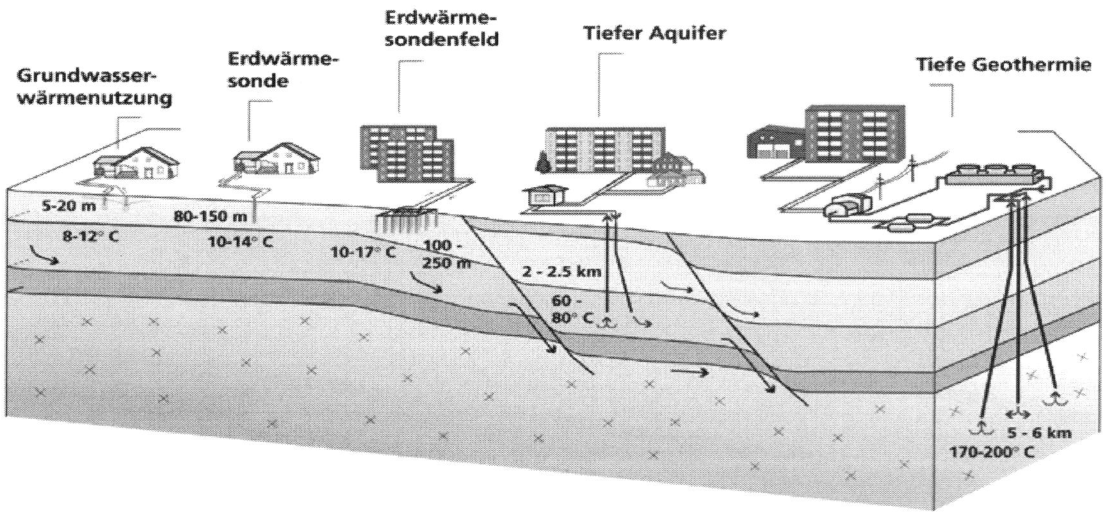

Abb. 12.: Erdwärme gewährt unterschiedliche Nutzungsmöglichkeiten; mit zunehmender Tiefe steigt die erreichbare Temperatur.

Im Folgenden sollen die einzelnen Methoden in groben Zügen dargestellt werden, bevor dann in Punkt 3.4 auf die Schwerpunktthematik der Erdwärmesonden eingegangen wird.

3.3.1 Grundwasserwärmenutzung

Wie bereits unter Punkt 2.6.2 „Wärmequellen für Wärmepumpen" betrachtet, stellt die Verwendung von Grundwasser als Wärmeträgermedium für Wärmepumpen die effektivste Variante dar, weil Grundwasser mit einem konstanten Temperaturniveau von 12°C zur Verfügung steht und die Wärmepumpe optimal abgestimmt werden kann. Zudem hat Wasser eine hohe spezifische Wärmekapazität, wodurch sich viel Wärme umsetzen lässt. Das Grundwasser wird mittels eines Förderbrunnen entnommen, welcher mindestens 0,25 m^3/h Förderleistung je Kilowatt Verdampferleitung zu erbringen hat. Das bedeutet zum Beispiel, dass für ein Haus mit einem Wärmebedarf von 10 kW nach DIN 4701

[24] Vgl. Bundesamt für Energie(BFE) : Nutzung der Erdwärme, S. 4.

und einer Jahresarbeitszahl von 4 des Kompressors eine Verdampferleistung von 7,5 kW und somit einer Auslegung des Nenndurchflusses des Förderbrunnens für Dauerentnahmen von 7,5 · 0,25 m³/(h · kW) = 1,875 m³/h. Dies ist durch einen Pumpversuch am Förderbrunnen nachzuweisen.

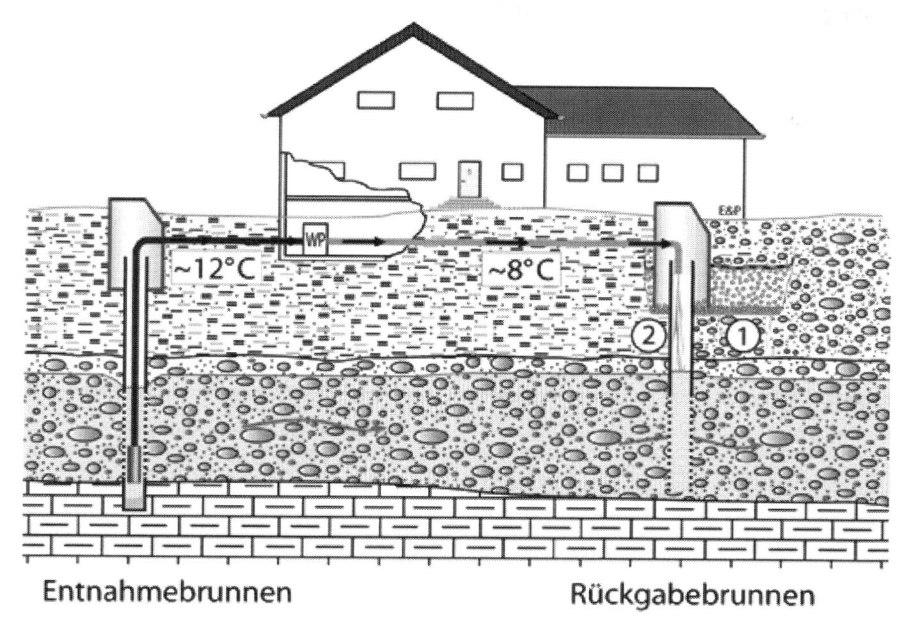

Abb. 13: Grundwasser-wärmenutzung

Grundwasserentnahme mit 12°C am Entnahme- oder Förderbrunnen; Wärmeentzug durch die Wärmepumpe; Rückführung mit Rückgabeschacht 1. oder Schluckbrunnen 2. bei 8°C.

Das von der Wärmepumpe zum Kühlen oder Heizen verbrauchte Grundwasser wird dann über Schluckbrunnen zurückgeführt. Bei der Positionierung muss dies in Fließrichtung des Grundwassers und mit einen Mindestabstand erfolgen, damit es zu keinem thermisch – hydraulischen Kurzschluss kommt und der Förderbrunnen nicht das bereits genutzte Wasser aus dem Schluckbrunnen ansaugt. Zudem sollte +/- 6 Kelvin Temperaturänderung nicht überschritten werden, um Kalkablagerungen zu vermeiden. Neben diesen hydraulischen sind noch eine Reihe von hydrochemischen Parametern einzuhalten und zu beachten. So besteht die Gefahr des Verockerns, was die Förderleistung mindert, in sauerstofffreien Grundwässern mit niedrigen Redox - Potential und Eisen.- Manganbestandteilen, wenn Umgebungsluft in den Kreislauf eindringt. Weitere Eingrenzung findet das System durch wasser.- und umweltrechtliche Bestimmungen, da die Gefahr der Beeinträchtigung des Grundwasser durch Kontamination besteht. Daher wird dieses System, trotz der Wirtschaftlichkeit, seltener von den Behörden genehmigt[25].

3.3.2 Horizontal und Vertikal verlegte Erdreichwärmeüberträger

Im Gegensatz zur Grundwassernutzung stellen die Varianten der Erdwärmenutzung mit Sonden oder Kollektoren geschlossene Systeme dar, in denen Wärmeträgermedien zirkulieren und somit kein direkter Kontakt mit dem Erdreich von Statten geht. Daher sind diese Systeme der Grundwassernutzung zum einen im Vorteil, weil sie fast überall einsetzbar sind und zum anderen, weil durch die geringere Untergrundsgefährdung die behördliche Genehmigungspraxis vereinfacht ist, auch wenn sie etwas unwirtschaftlicher arbeiten. Die Anlagen entziehen dem umgebenden Erdreich Wärme, die mittels Wärmepumpen dem zu beheizendem Objekt zugeführt werden.

Kollektoren sind horizontal verlegte Erdreichwärmeüberträger, bestehend aus Metall oder Kunststoffrohren die flächig, oberflächennah verlegt werden. Nach VDI 4640 Blatt 2 unter Punkt 4.2.1 „Verlege-

---

[25] Vgl. Kaltschmitt, M.; E. Huenges, H. Wolff (Hrsg.): Energie aus Erdwärme; Kapitel 3.1.2 offene Systeme, Seite 70 ff.

tiefe und – abstand“ wird empfohlen eine Verlegetiefe von 1,2 bis 1,5 m einzuhalten, da in 1 m Tiefe auch ohne Wärmeentzug Temperaturen unter dem Gefrierpunkt erreicht werden können, was die Effektivität der Wärmepumpe herabsetzt. Jedoch besteht die Gefahr, dass wenn zu tief verlegt wird, die Vereisungen um die Kollektoren herum im Jahresverlauf nicht mehr auftauen, da die solare Wärme der Sonne nicht tief genug vordringt und die Erdwärme aus dem Inneren zu schwach ist. Daher wird der Wärmestrom aus dem Erdinneren meist nicht bei der Auslegung berücksichtig. Hierbei ist folglich nur der Wärmestrom von oben heranzuziehen, der sich aus direkter (Sonneneinstrahlung) und indirekter (Regen und Sickerwasser) Nutzung der Sonne ergibt. Die Kollektorfläche darf weder überbaut noch versiegelt werden. Je nach Untergrund schwankt die Entzugsleistung zwischen 10 und 40 W/m^2 [26].

Zur Dimensionierung einer solchen Anlage nach folgendem Nomogramm vorgeschlagen. Die Untergrundverhältnisse werden in normale, ungünstige und überdurchschnittliche Verhältnisse eingeteilt. Normale Verhältnisse sind feuchter, siltig – sandiger Boden bei normaler Sonneneinstrahlung mit einer spezifischen Entzugsleistung von 20 – 30 W/m^2 Kollektorfläche. Ungünstige Verhältnisse sind steiniger Boden, trocken und schattig mit nur 8 - 12 W/m^2. Überdurchschnittliche Verhältnisse mit 35 – 40 W/m^2 Entzugsleistung findet man bei sandigen, wassergesättigten Böden mit überdurchschnittlicher Sonneneinstrahlung. Die Bodenverhältnisse sind ganz entscheidend bei der Dimensionierung, zum Beispiel bei einem Gebäude mit einer erforderlichen Heizleistung von 15 kW und einer Jahresarbeitszahl von 3,0 der Wärmepumpe ergibt sich für durchschnittlichen Boden mit normaler Wärmeleitfähigkeit von 20 W/m^2 in normaler Lage aus dem Nomogramm eine Kollektorfläche von 500 m^2. Für einen trocknen Boden mit einer schlechten Wärmeleitfähigkeit und lediglich 10 W/m^2 ergibt sich hingegen bereits eine Fläche von 1000 m^2, was gelegentlich in einigen Baugebieten die Grundstücksgrößen übersteigen mag.

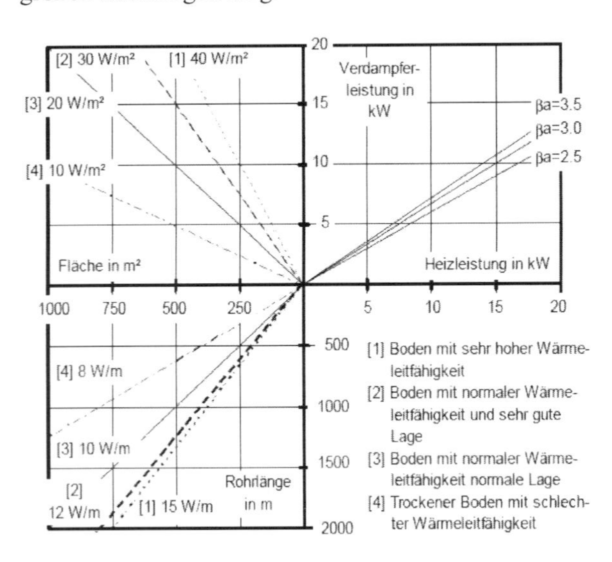

Abb. 14: Nomogramm zu Bestimmung der Kollektorfläche

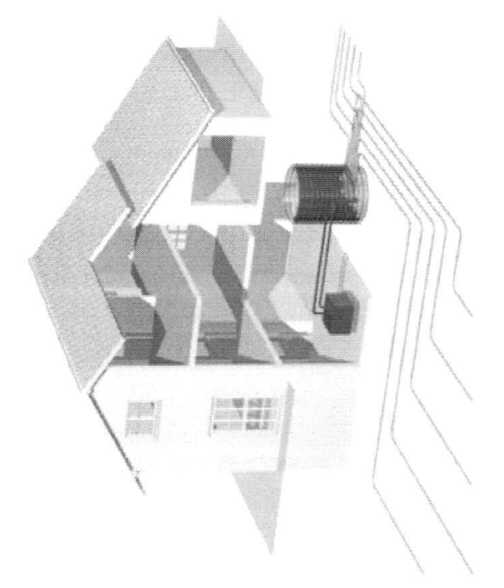

Abb. 15: Darstellung eines Erdwärmekollektorsystems

Erdkollektoren haben sich bei richtiger Dimensionierung bewährt, da sie ohne großen Aufwand zu verlegen sind. Gleichzeitig stellen sie eine kostengünstige Möglichkeit der Erdwärmenutzung dar, wenn genug Fläche zur Verfügung steht. Anders verhält dies sich bei dem System zur Nutzung ober-

---

[26] Vgl.: Reuß, M.; Burkhard Sanner (Hrsg.): Planung und Auslegung von Erdwärmesondenanlagen, Wärmequelle Erdwärmekollektoren S. 2 und 3.

flächennaher Erdwärme mittels vertikal verlegter Erdreichwärmeüberträger, die im Allgemeinen als Erdwärmesonden bezeichnet werden. Diese Systeme weisen gegenüber den Kollektoren einen wesentlich geringeren Platzbedarf auf, weswegen sie auch häufiger zur Anwendung kommen. In Punkt 3.4 „Erdwärmesonden“ wird genauer auf Auslegung und Installation eingegangen.

Ein weiteres System vertikalen Erdreichwärmeübertrages stellen erdberührende Betonbauteile dar. Unter anderem so genannte Energiepfähle. Bei Gebäuden mit nicht ausreichend tragfähigem Untergrund werden Gründungspfähle gesetzt, die mit Wärmeübertrágerrohren versehen werden. Somit könnte bei jeder Pfahlgründung mit wenigen Mehrkosten der Untergrund energetisch erschlossen und nutzbar gemacht werden[27]. Neben den Energiepfählen besteht die Möglichkeit alle erdberührenden Bauteile energetisch zu nutzen. Dabei muss jedoch sicher gestellt sein, dass die Wärme nicht auch dem Gebäude selbst entzogen wird, was möglich ist, wenn beispielsweise Fundamentplatten als Wärmeüberträger genutzt werden sollen. Ebenfalls muss beachtet werden, dass die Statik nicht beeinträchtigt wird. In der Regel sind solche Systeme als Pufferspeicher ausgelegt, dem im Sommer zum Kühlen des Gebäudes Wärme entzogen und dem Untergrund zugeführt wird. Dadurch wird der Untergrund thermisch aufgeladen und kann im Winter durch Wärmeentzug zur Gebäudeheizung genutzt werden.

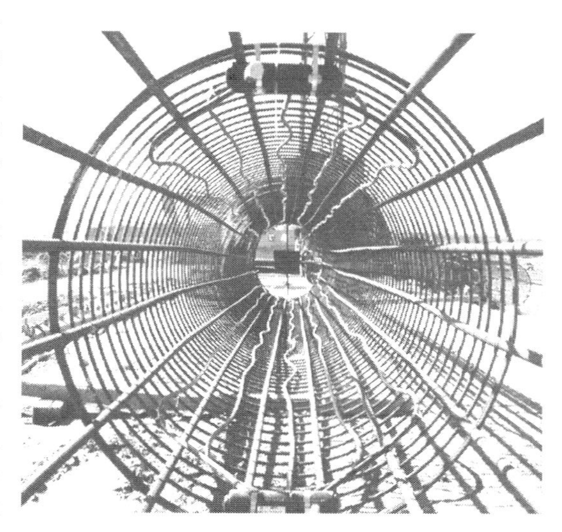

Abb. 16: Pfahl-Armierungskorb mit eingelegten Wärmetauscherrohren.

3.3.3 Gruben und Tunnelwasser

Wasser, welches in Bergwerken oder Gruben anfällt kann gut energetisch genutzt werden, da häufig große Tiefen mit hohen Temperaturen zur Verfügung stehen. Die Wärmeentnahme in Gruben erfolgt durch Abpumpen von Grubenwasser mittels Schluck und Förderbohrungen. Diese sollten weit voneinander entfernt sein und gegebenenfalls auch unterschiedliche Tiefen haben, damit das je nach Verwendung abgekühlte oder erwärmte Wasser einen langen Fließweg zurücklegen kann, um sich energetisch zu regenerieren. Drainagewasser aus Tunnelbauwerken fließt zu den Portalen und kann dort als Wärmequelle verwendet werden. So wird derzeit über die Errichtung eines Thermalbades am Südportal des Gotthard – Tunnels in Bodio, sowie über ein Tropenhaus am Nordportal des Lötschberg – Tunnels in Frutigen diskutiert, um das Wärmepotential entlang der „Neuen Eisenbahn – Alpen – Transversalen“ in der Schweiz zu nutzen[28].

3.3.4 hydrothermale Tiefenerdwärmenutzung

Hydrothermale Nutzhorizonte sind warm – oder heißwasserführende Aquifere, aus denen mittels Tiefenbohrungen meist salzhaltiges Wasser gefördert werden kann. Die Schichtenwasser führenden Horizonte bestehen in Deutschland entweder aus Porenspeichern, vornehmlich Sandstein wie im Norddeutschen Becken, oder aus Kluft- und Karstspeicher des Nordalpinen Molassebeckens. Die Gebiete in Mitteldeutschland weisen dagegen nur geringe hydrothermale Energievorkommen auf. In

[27] Vgl. Kapp, H.; C.Kapp (Hrsg.): Energiepfähle, S 5-7.

[28] Vgl. Bundesamt für Energie(BFE): Nutzung der Erdwärme, Seite 18.

Tiefen bis rund 3000 m haben die Vorkommen Temperaturen von 60 bis 120 °C und können so direkt verwendet werden, beispielsweise im Fernwärmenetz[29]. In Neustadt-Glewe, einer Kleinstadt in Mecklenburg-Vorpommern werden Sandsteinhorizonte in 2250 m Tiefe zur Thermalwassergewinnung genutzt. Der Abstand der Förder- und Injektionsbohrung beträgt 1500m, mit der 60 bis 125 m³/h, 100 °C warmes Wasser gefördert wird. Die Wärmeleistung beträgt damit 6,75 MW, die ins örtliche Fernwärmenetz eingespeist wird. Das geothermische Heizkraftwerk wird zur Abdeckung der Spitzenlasten von einem Erdgasheizwerk unterstützt. Durch das Erdgasheizwerk wurden im Jahr 1996 jedoch lediglich 15 % der insgesamt 60 TJ erzeugten Wärme bereitgestellt[30].

3.3.5 Nutzung trockener, heißer Gesteinsformationen

Der größte Teil im Untergrund vorhandener Wärme befindet sich in Schichten mit sehr geringem Wassergehalt. Diese sind fast trocken und kristallin ausgebildet, so dass kaum Porenvolumen wie bei Aquiferen zur Zirkulation von Wärmeträgerflüssigkeit vorhanden ist. In normalen kontinentalen Regionen der Erdkruste sind Temperaturen von 200 °C in 6000 bis 7000 m zu erwarten und stellen somit theoretisch ein riesiges Energiepotential dar, was auch zur Stromerzeugung genutzt werden kann. Zurzeit befinden sich die Erschließungstechniken jedoch noch auf Forschungs- und Entwicklungsstand. Erstmals wurde 1970 von Physikern der „Los Alamos National Laboratory“ ein Verfahren zur Erschließung des trockenen Tiefenuntergrundes entwickelt und getestet. Das so genannte HDR – „Hot Dry Rock“ [31](heißes trockenes Gestein) Konzept war darauf ausgelegt, im tiefen, heißen Gestein Wärmetauschervolumen in Form von ausgedehnten Rissen zu erstellen, in denen Wasser zirkulieren sollte, um dieses dann erhitzt wieder zu fördern und zu nutzen. Die Risse wurden mit dem aus Erdöl- und Erdgasbohrungen erprobten „Hydraulic Fracturing“ Verfahren erstellt. Dabei wird mit Hilfe leistungsstarker Pumpen, Wasser in die Bohrung gepresst, bis das Gestein aufreißt. Man war der Auffassung, dass das kristalline Grundgebirge rissfrei sei und das kalte, eingepresste Wasser durch die Wärmetauscherrisse zirkuliert, sich erhitzt und unter Druck durch eine zweite Bohrung nach oben tritt. Der Vorgang sollte als geschlossenes System betriebe werden, indem das erhitzte Wasser an der Oberfläche die Wärme abgeben sollte, um anschließend wieder in das System zurückgeführt zu werden, damit der Kreislauf in Bewegung und der Druck stabil bleibt. Da die Zirkulation jedoch auf einem so hohen Druckniveau stattfand, ging viel Wasser im Untergrund verloren, weil das Grundgebirge doch nicht homogen und rissfrei war. Die hohen Druckverluste führten wiederum zu einem hohen Energieverbrauch der Anlage selbst, weswegen modifizierte Techniken erarbeitet wurden welche, die Erfahrungen einarbeiteten. So wurde Mitte der achtziger Jahre ein europäische HDR Gemeinschaftsprojekt in der Nähe des Ortes Soultz-sous-Forets gestartet. Der Ort liegt am Oberrheingraben und bietet schon in geringeren Tiefen hohe Temperaturen, so dass in 3900 m Gesteinstemperaturen von 168 °C erschlossen wurden. Die Modifikationen zum Los Alamos Projekt bestand im Wesentlichen in neu entwickelten leistungsstarken hochtemperatur-beständigen Tauchpumpen, die zusätzlich in den beiden Förderboh-

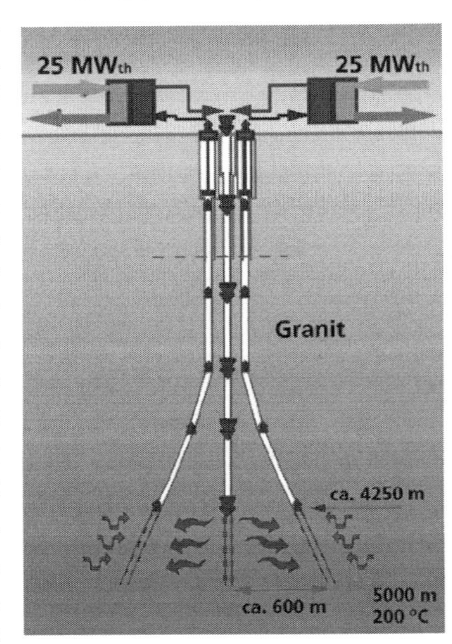

Abb. 17: Soultz-sous-Forêts, Wärmenutzung im Kristallingestein.

---

[29] Vgl.: Kaltschmitt, M.; E. Huenges, H. Wolff (Hrsg.): Energie aus Erdwärme; S. 149 ff.

[30] Vgl.: Neustadt-Glewe GmbH: Informationsblatt.

[31] Vgl.: Rummel , F.; O. Kappelmeyer (Hrsg.): Energieträger der Zukunft?, S. 44 ff.

rungen eingesetzt wurden. Zudem wurden die Risssysteme noch stärker aufgeweitet. So konnte das Druckniveau insgesamt gesenkt werden. Durch die Druckdifferenzen von der Injektionsbohrung zu der Förderbohrung mit Tauchpumpe floss das Wasser nun entlang dem Druckgefälle zu den Förderbohrungen und musste nicht mehr gepresst werden. Dadurch konnte auch Formationswasser gefördert werden, was eventuelle Wasserverluste ausglich. Die Machbarkeit und Wirtschaftlichkeit wurde somit nachgewiesen. Mittlerweile sind die Bohrungen auf bis zu 5000 m Tiefe vorangetrieben worden und damit Gesteinstemperaturen von bis zu 200 °C erschlossen. Die Enden der Förderbohrungen weisen nun Abstände von 600 bis 700 m auf. Durch das sukzessive Erweitern des Risssystems, wurde ein Gebiet von ca. 2,5 km³ Volumen erzeugt durch das Wasser zirkulieren kann.

3.4 Erdwärmesonden

Erdwärmesonden sind vertikal verlegte Erdreichwärmeüberträger die in Bohrlöcher mit Tiefen um die 100 m eingebracht werden. Die Sonde besteht aus Vor- und Rücklauf in Form von U -, Doppel - U -, oder Koaxial - Sonden in denen ein als Sole bezeichnetes Wärmeüberträgermedium zirkuliert. Dadurch wird dem umgebenden Erdreich Wärme entzogen und einer Wärmepumpe zuzuführen oder zu Kühlzwecken Wärme ins Erdreich eintragen. Dabei wird die von der Sonne eingebrachte Energie und die aus der Erde nachströmende Wärme genutzt. Wichtig ist ein vorschriftsmäßiges Verpressen der Sonde, um einen optimalen Wärmeaustausch zu erreichen und die durchbohrten Bodenschichten nicht hydraulisch miteinander zu verbinden. U - und Doppel - U - Sonden bestehen meist aus HDPE und haben einen Durchmesser von 25 mm und eine Wandstärke von 2,3 mm bis 60 m Tiefe sowie 32 und 2,9 mm bis 100 m. Weil ab 100 m Tiefe bergrechtliche Genehmigungen erforderlich sind, werden Sonden im Allgemeinen auch nicht tiefer eingebracht, obwohl größere Tiefen höhere Temperaturen aufweisen, die somit wieder der Wärmepumpeneffektivität zu gute kommen würde. Koaxial - Sonden bestehen aus kunststoffbeschichteten Edelstahl - oder Kupferrohr und können grundsätzlich auch verwendet werden, sind aber mit höheren Kosten verbunden. Der Sondentyp hat jedoch wenig Einfluss auf die Entzugsleitung über mehrere Jahre hinweg, sondern in erster Linie der zu Verfügung stehende Wärmefluss zur Sonde im Erdreich. Erdwärmesonden benötigen im Gegensatz zu Flächen-kollektoren wesentlich weniger Platz und weisen im Jahresmittel konstantere Entzugsleitungen auf, wodurch die Wärmepumpe effektiver arbeiten kann. Dies sind die im Wesentlichen die die Gründe dafür, weshalb Erdwärmesonden bevorzugt eingebaut werden. Auch die Sonden müssen möglichst genau dimensioniert werden. Denn wenn bei Unterdimensionierung dem Erdreich mehr Wärme entzogen wird, als der Wärmefluss im Untergrund im Jahresmittel ausgleicht, führt dies zu einer starken Abkühlung des Untergrundes und sogar zur Frostbildung, wodurch die Effektivität der Wärmepumpe von Jahr zu Jahr sinkt. Ist eine Erdsondenanlage unterdimensioniert,

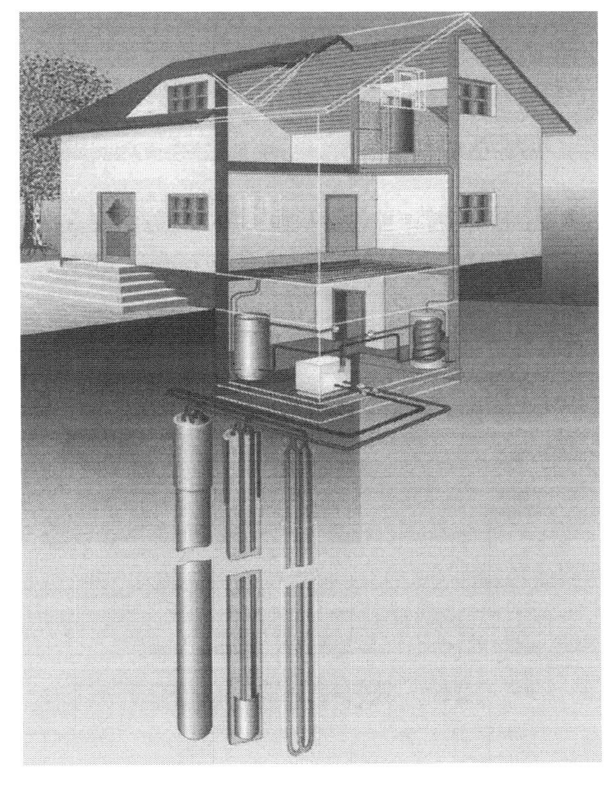

Abb. 18: Darstellung einer Erdwärmesondenanlage

besteht die Möglichkeit mittels Sonnenkollektoren oder anderer Wärmequellen den Untergrund thermisch wieder aufzuladen[32].

3.4.1 Auslegung

Für die Dimensionierung der Erdwärmesonden müssen zahlreiche wichtige Aspekte beachtet werden. Die VDI 4640 „Thermische Nutzung des Untergrundes" Blatt 2 „Erdgekoppelte Wärmepumpen - anlagen" kann zur Auslegung von Erdsonden, die oberflächennahe Erdwärme nutzen, unter Einhaltung gewisser Parameter herangezogen werden. Es wird unterschieden in kleine Anlagen mit Heizleistungen bis 30 kW und große Anlagen darüber. Um die genaue Wärmeentzugsleistung einer Erdwärmesonde zu berechnen, müssen konkrete Untergrundparameter wie Wärmeleitfähigkeit, Wärmekapazität, terrestrischer Wärmefluss und Grundwasserfluss bekannt sein sowie auch technische Parameter wie Sondenlänge, Sondenanzahl, Sondenart, Abstand der Sonden, Zusammensetzung der Wärmeträgerflüssigkeit, minimale Rücklauftemperaturen und Jahresprofil des Wärmemengenentzugs. Zur Vereinfachung wird bei der Auslegung kleiner Anlagen auf Tabellenwerte und Nomogramme zurückgegriffen, die aus genauen Berechnungen abgeleitet wurden und daher einzuhaltenden Vorgaben unterliegen. Die Auslegung großer Anlagen sollte daher unbedingt mithilfe von Computerprogrammen erfolgen, die die genannten Parameter berücksichtigen.[33]

3.4.1.1 Auslegung kleiner Anlagen bis 30 kW Heizleistung

Um anhand von Tabellen die spezifische Entzugsleistung des Untergrundes abzulesen, um damit die erforderliche Sondenlänge zu bestimmen, muss eine Untergrundeinschätzung vorgenommen werden. Hierzu gehören die Einflussfaktoren wie thermische Leitfähigkeit, Feuchte bei Lockergestein und evtl. Grundwasserfluss. In der Planungsphase können zur Auslegung Karten mit Angaben zum oberflächennahen geothermischen Potential herangezogen werden, wie sie beispielsweise im Anhang des „Leitfaden Erdwärmesonden in Mecklenburg-Vorpommern" herausgegeben vom Landesamt für Umwelt, Naturschutz und Geologie Mecklenburg-Vorpommern (LUNG)[34], zu finden sind und auch für andere Bundesländer zur Verfügung stehen. Unter der Internetseite http://www.umweltkarten.mv-regierung.de/script/ können für Mecklenburg-Vorpommern genaue Standorte auf deren geothermischen Potential hin abgefragt werde. Die eigentliche Bestimmung der Sondenlänge kann erst nach Erstellen eines lithologischen Bodenprofils erfolgen, also muss zunächst die Bohrung abgeteuft und anhand des Bohrgutes festgestellt werden, welche Bodenart welche Mächtigkeit besitzt, um daraus die benötigt Sondenlänge abzuleiten. Oder es liegen bereits Bodenprofile für einzelne Baugebiete vor. Nach VDI 4640 wird der Untergrund wie folgt eingeteilt und die spezifische Entzugsleitung angegeben.

---

[32] Vgl.: Kaltschmitt, M.; E. Huenges, H. Wolff (Herg.): Energie aus Erdwärme; Seite 65 ff.

[33] Vgl.: Reuß, M.; Burkhard Sanner (Herg.): Planung und Auslegung von Erdwärmesondenanlagen, Seite 16.

[34] Vgl.: Landesamt für Umwelt, Naturschutz und Geologie Mecklenburg-Vorpommern: Leitfaden für Erdwärmesonden, Anlage 6.

Untergrund	spezifische Entzugsleistung	
	für 1800 h	für 2400 h
Allgemeine Richtwerte:		
Schlechter Untergrund (trockenes Sediment) ($\lambda < 1{,}5 W/(m \cdot K)$)	25 W/m	20 W/m
Normaler Festgesteins-Untergrund und Wassergesättigtes Sediment ($\lambda < 1{,}5 - 3{,}0 W/(m \cdot K)$)	60 W/m	50 W/m
Festgestein mit hoher Wärmeleitfähigkeit ($\lambda > 3{,}0 W/(m \cdot K)$)	84 W/m	70 W/m
Einzelne Gesteine:		
Kies, Sand, trocken	< 25 W/m	< 20 W/m
Kies, Sand, wasserführend	65 – 80 W/m	55 – 65 W/m
Bei starkem Grundwasserfluss in Kies und Sand, für Einzelanlagen	80 – 100 W/m	80 – 100 W/m
Ton, Lehm, feucht	35 – 50 W/m	30 – 40 W/m
Kalkstein (massiv)	55 – 70 W/m	45 – 60 W/m
Sandstein	65 – 80 W/m	55 – 65 W/m
Saure Magmatite (z.B. Granit)	65 – 85 W/m	55 – 70 W/m
Basische Magmatite (z.B. Basalt)	40 – 65 W/m	35 – 55 W/m
Gneis	70 – 85 W/m	60 – 70 W/m
(Die Werte können durch die Gesteinsausbildung wie Klüftung, Schieferung, Verwitterung erheblich schwanken.)		

Abb. 19: Tabelle 2 aus VDI 4640 Blatt 2, mögliche spezifische Entzugsleistung für Erdwärmesonden.

Die Tabelle beschränkt sich auf die folgenden Anwendungsbereiche. Zur Auslegung von Erdsonden Die Anlage darf nur Wärmeentzug leisten und nicht Wärme evtl. Wärme aus Gebäudekühlung, in den Untergrund eintragen. Die Einzelsondenlängen sollen zwischen 40 und 100 m betragen. Der Abstand der Sonden voneinander muss größer sein als 5 m bei Sondenlängen von 40 bis 50 m und größer als 6 bei Längen von 50 bis 100 m. Der Sondentyp beschränkt sich auf Doppel – U – Sonden mit DN 20, DN 25 oder DN 32 mm und bei Koaxialsonden auf einen Mindestdurchmesser von 60 mm. Des Weiteren darf die Tabelle nicht angewendet werden, wenn mehrere Erdsondenanlagen in einem begrenzten Areal geplant sind.

Der Berechnungsablauf erfolgt dann in der Weise, dass zunächst bestimmt werden muss, wie viel Heizbedarf Q_H das Gebäude nach DIN 4701 benötigt. Ein Gebäude mit 80 kWh/(m²·a) Heizbedarf, 12,5 kWh/(m²·a) Trinkwasserwärmebedarf und 160 m² hat demnach einen Jahresheizbedarf Q_{Ha} = (80 kWh/(m²·a) + 12,5 kWh/(m²·a)) · 160m² = 14800 kWh/a. In der Tabelle zur spezifischen Entzugsleistung für Erdwärmesonden wird unterschieden in 1800 h/a Betriebsstundenanzahl für reine Raumheizung und 2400 h/a Betriebsstundenanzahl mit zusätzlicher Warmwasserbereitung, also muss der Jahresheizwärmebedarf Q_{Ha} durch eine Betriebstundenanzahl von 2400 h/a dividiert werden, um den Heizleistungsbedarf Q_H zu erhalten, Q_H = (14800 kWh/a) / (2400 h/a) = 6,17 kW. Je nach Jahresarbeitszahl β der Wärmepumpe wird die Entzugsleistung Q_{EWS} mit $Q_{EWS} = Q_H \cdot (\beta - 1) / \beta$ für die Sonde errechnet, da ein Teil des notwendigen Heizleistungsbedarfes durch den Energieeintrag des Kompressors der Wärmepumpe erfolgt. Für eine Jahresarbeitszahl β von 4,0 und einem Heizleistungsbedarf Q_H von 6,16 kW errechnet sich die Entzugsleistung zu $Q_{EWS} = 6{,}16 \cdot (4 - 1) / 4 = 4{,}62$ kW. Nun kann anhand des Untergrundes und der spezifischen Entzugsleistung die Länge ermittelt werden. Unter der

Annahme eines normalen Untergrundes mit wassergesättigten Sediment ergibt sich für 2400 Betriebstunden im Jahr eine spezifische Entzugsleistung von 50 W/m und damit eine Erdsondenlänge L_{EWS} in Höhe von 4640 W / 50 W/m = 92 m. Durch diese erste Berechnung wird sichergestellt, dass die Sonde dem Untergrund ausreichend Wärme zum Heizbetrieb entziehen kann. Es ist jedoch zusätzlich zu berücksichtigen, dass eine ausreichende Regeneration über die Jahre gewährleistet wird. Dazu sollte dem Untergrund insgesamt im Jahr nicht mehr als 100 bis 150 kWh / (m · a) entzogen werden. Für 92 m Sondenlänge, 4,62 kW Entzugsleistung und 2400 h/a Betriebsstunden ergibt sich eine spezifische jährliche Entzugsleitung von (4,62 kW · 2400 h/a) / 92 m = 120,5 kWh / (m · a), womit die Grenzen eingehalten währen.

Neben der Möglichkeit zur Ermittlung der Sondenlänge anhand der Tabelle, ist in der VDI 4640 eine zweite Möglichkeit enthalten, bei der mit Hilfe eines Nomogramms die Länge bestimmt werden kann. Das Nomogramm hat den Vorteil, dass es Unabhängig von einer gewählten Betriebstundenanzahl herangezogen werden kann, weil die spezifische Entzugsleitung des Untergrundes immer auch von der Entzugsdauer abhängig ist und daher die Entzugsleitung mit längerer Entzugsdauer abnimmt. Des Weiteren wird auch die Höhenlage des zu beheizenden Gebäudes einbezogen, wobei für den flachen Norden die resultierenden Sondenlängen erhöht werden sollten. Für das Nomogramm gelten Einsatzgrenzen, in denen es verwendet werden darf. Der Jahresheizenergiebedarf Q_{Ha} muss zwischen 4 – 16 MWk/a, der Heizleistungsbedarf zwischen 3 – 8 kW, die Höhenlage zwischen 200 – 1400 m, die Wärmeleitfähigkeit des Untergrundes zwischen 1,2 – 4,0 W/(m·K), die Erdsondenlänge zwischen 60 – 160 m bei einer einzelnen Sonde und zwischen 60 – 100 m bei zweien liegen.

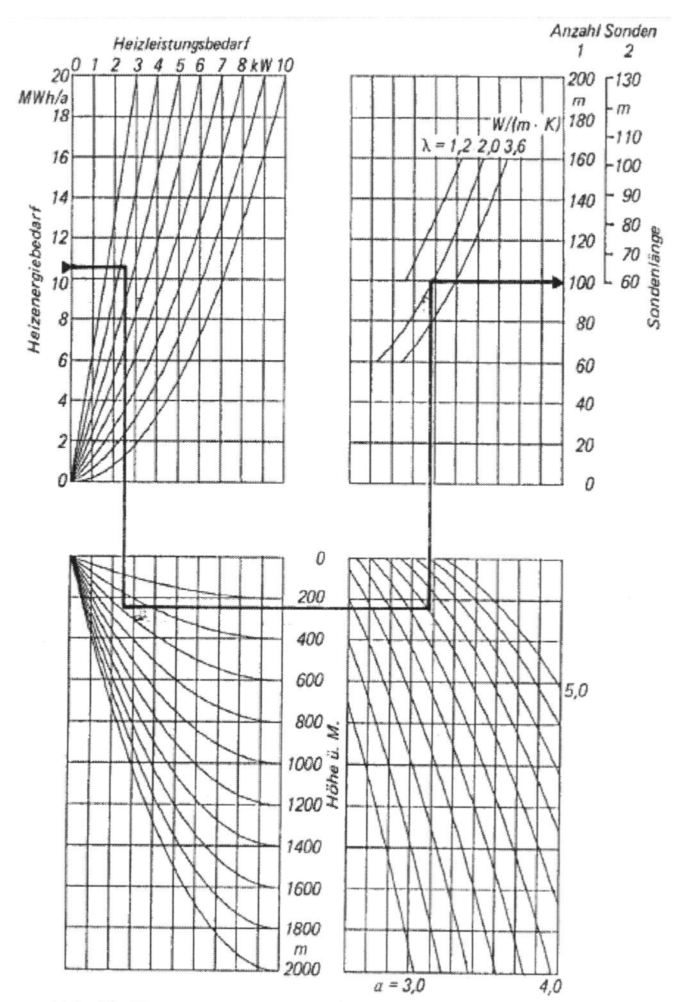

Abb. 20: Nomogramm zur Auslegung von Erdwärmesonden

Der Nomogrammeingangswert ά im dritten Feld ähnelt der Jahresarbeitszahl β, jedoch wird der jährliche Energieverbrauch der Nebenverbraucher P_p abgezogen. $ά = Q_H / ((Q_H / β) – P_p)$. Eine Bestimmung der Sondenlänge mit Nomogramm, für die gleichen Eingangswerte wie für die Berechnung mit Tabellenwerten, also Heizenergiebedarf Q_{Ha} = 14,8 MWh/a, Heizleistungsbedarf Q_H = 6,16 kW, Jahresarbeitszahl β = 4,0, mit Energieverbrauch der Nebenverbraucher P_p = 0,25 MWh/a und daraus resultierendem Nomogrammeingangswert ά = 14,8/((14,8/4)-0,25) = 4,3, einer Höhenlage von 200 m ü. M. und einer Wärmeleitfähigkeit von 2 W/(m·K), würde sich eine Sondenlänge von ca. 93 m Länge ergeben. Letztendlich ist die Sondenlänge von dem Bodenprofil abhängig, und je genauer der Untergrund bekannt ist, desto genauer lässt sich die Länge bestimmen. Bei kleinen Anlagen ist dies jedoch nicht immer nötig, im Gegensatz zu großen Anlagen mit Heizleistungen von über 30 kW.

3.4.1.2 Auslegung großer Anlagen über 30 kW Heizleistung

Die korrekte Auslegung großer Anlagen muss nach VDI 4640 durch eine Berechnung nachgewiesen werden. Ein größere Anzahl von kleineren Anlagen unter 30 kW Heizleistung sowie welche mit Betriebstundenanzahl von über 2400 h/a und Anlagen die dem Untergrund nicht ausschließlich Wärme entziehen, erfordern ebenfalls eine Auslegung über Berechungen. Dafür existieren verschiedene Computerprogramme die auch bei der Dimensionierung kleinerer Anlagen genauere Angaben liefern, da weitere Randbedingungen, wie zum Beispiel die maximal zulässige Temperatur des Wärmeträgermediums, Bohrlochdurchmesser und Abstand zueinander, Sondentyp und Verfüllmaterial mit in die Berechnung einfließen können. Zur Veranschaulichung sind die folgenden Diagramme aufgeführt die zeigen, welchen Einfluss auf die spezifische Entzugsleistung des Untergrundes eine längere Betriebstundenzahl und der Abstand der Sonden zueinander haben[35].

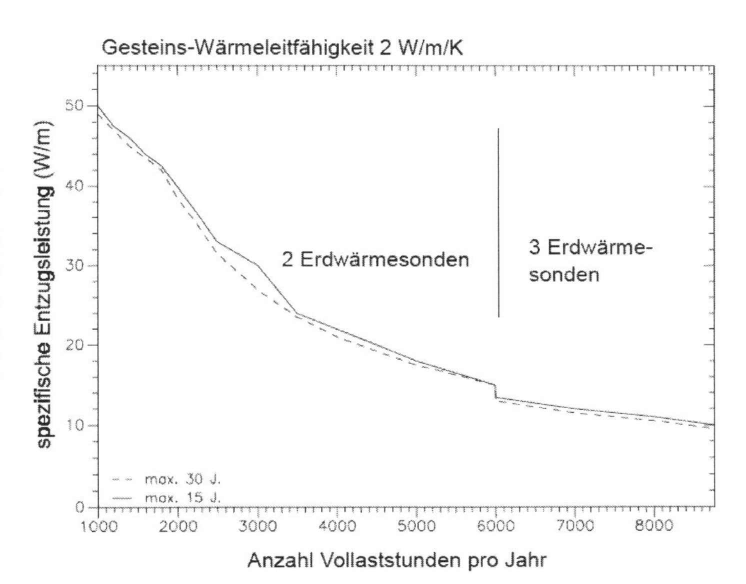

Abb. 21, rechts:
Abhängigkeit der spezifischen Entzugsleistung von der Anzahl der Betriebstunden. Simuliert für ein Gebäude mit 10 kW Wärmebedarf und Wärmepumpenarbeitszahl β = 3,5, bei einer mittleren Wärmeleitfähigkeit des Untergrundes von λ = 2,0 W/m/K mit dem Computerprogramm EED (Earth Energy Designer).

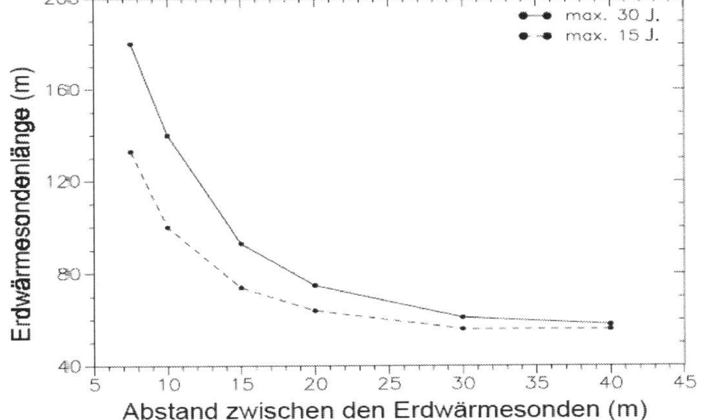

Abb. 22, links:
Einfluss des Abstandes zwischen den Erdwärmesonden auf die benötigte Erdwärmesondenlänge, berechnet für ein Feld mit 60 Häusern von je 7 kW Wärmebedarf und 2 Erdwärmesonden pro Haus mit dem Computerprogramm EED.

[35] Vgl.: Reuß, M.; Burkhard Sanner (Hrsg.): Planung und Auslegung von Erdwärmesondenanlagen, S. 8.

Als Ergebnis aus den vorliegenden Grafiken kann folgendes abgeleitet werden: Wenn zu viele Anlagen auf engen Raum installiert werden, oder die Anlage unterdimensioniert wurde, sinkt die spezifische Entzugsleitung pro Meter stark ab, weshalb sich die Erdwärmesondenlänge erhöhen muss ,um die gewünschte Entzugsleitung zu erbringen. Grund dafür ist, dass die Temperatur um eine Erdsonde trichterförmig von der Sonde hinweg absinkt, ähnlich wie der Grundwasserspiegel eines Brunnens. Wenn sich diese Einzugsräume überlagern, kann nicht genug Wärme von den Seiten an die Sonde geleitet werden, so dass sich die Entzugsleistung verringert. Zur Bestimmung der Entzugsleistung pro Meter gibt es neben den lithologischen Untersuchungen an Proben aus Erkundungsbohrungen, die Möglichkeit direkte Messungen an einer Erdsonde vorzunehmen. Dies ist besonders bei der Auslegung großer Anlagen wichtig, um genaue Angaben über die Wärmeleitfähigkeit des Untergrundes zu erhalten. Die Methode heißt „Thermal Response Test". An einer fertig eingebauten Erdwärmesonde wird eine definierte Wärmeleistung angelegt und der Verlauf der Ein- und Austrittstemperaturen verfolgt. Anhand dessen erfolgen Berechnungen zur Bestimmung der Wärmeleitfähigkeit. In Verbindung mit Computerprogrammen wie EED oder anderen und dem Thermal Response Test[36] zur Erlangung der Eingabewerte ist heut zu Tage eine optimale Auslegung großer Anlagen zur Nutzung der oberflächennahen Erdwärme sehr gut möglich, was sich positiv auf die Weiterverbreitung der Erdwärmesysteme auswirken wird.

4 Bauverfahrenstechnik und Installation der Erdwärmesonden

Der Bereich der Geothermie wurde nun hiermit verlassen. Im Folgenden werden die einzelnen Schritte, bis hin zur fertigen Erdwärmesonde dargestellt. Da die Bohrarbeiten bei der Erstellung von Erdwärmesonden die größte Position einnehmen, wird auf diesen Aspekt besonders eingegangen und die verschiedenen Methoden erläutert. Im Weiteren wird anhand der VDI 4640 die Installation der Erdwärmesonde beschrieben.

4.1 Organisatorische Maßnahmen vor Bohrbeginn

Bevor die Bohrarbeiten durch den Bohrunternehmer beginnen können, müssen alle notwendigen Unterlagen vorliegen. Damit kann die Planung zur Lage der Bohrung, zum Durchmesser, zum Bohrverfahren, zur Anzahl der Bohrungen und zur Teufe mit dem Auftraggeber zusammen, abgestimmt werden. Das Bohr- oder auch Brunnenbauunternehmen muss als Fachfirma nach DVGW W 120 zugelassen sein, um die Arbeiten ausführen zu dürfen. Sind Genehmigungen und Auflagen der Behörden dem Bohrunternehmer übergeben, erstellt dieser einen Durchführungsplan, der unter anderem sicherstellen muss, dass Munitionsfreiheit besteht und keine Versorgungsleitungen im Wege sind. Die Bohrungen sollten mindestes 2 m Abstand zum Gebäude haben, sowie dessen Standfestigkeit nicht gefährden. Wird der Durchführungsplan durch den Auftraggeber bestätigt, können die Bohrarbeiten beginnen. Während der Bohrarbeiten sind durch einen Geologen oder Bohringenieur Bodenproben zu entnehmen, anhand dessen ein Schichtenprofil, zur endgültigen Bestimmung der Sondentiefe, erstellt werden muss[37].

---

[36] Vgl.: Loose, P.: Erdwärmenutzung, Thermal Response Test, S. 54.

[37] Vgl.: VDI 4640 Blatt 2: Thermische Nutzung der Untergrundes, 5.2.1 Bohrarbeiten, S. 21 - 22.

4.2 Bohrarbeiten

4.2.1 Bohrverfahren

Die Bohrverfahren werden in Trockenbohrverfahren und Spülbohrverfahren unterschieden. Das Trockenbohrverfahren kennzeichnet sich durch periodische Bohrgutförderung im Bohrwerkzeug und der Notwendigkeit der Bohrlochstabilisation mittels einer äußeren Verrohrung. Des Weiteren lassen sich die Verfahren wie folgt differenzieren: 1. Das Drehbohrverfahren, bei dem das Bohrwerkzeug in die Bohrlochsohle unter Andruck gedreht wird und das Bohrgut durch eine Mantelverrohrung zur Stabilisation der Bohrwand, im Bohrwerkzeug am Gestänge gefördert wird. 2. Das Schlagbohrverfahren, kennzeichnet sich durch am Seil befindliche Bohrwerkzeuge, die im freien Fall auf die Bohrlochsohle schlagen und das gelöste Material lösen und fördern. 3. Das Rammbohrverfahren, besteht aus einem am Seil hängenden druckluftbetriebenen Rammbohrhammer, an dem sich Meißel oder Rammschappe je nach Bodenart befinden[38]. Die folgende Grafik veranschaulicht die eben genannten Verfahren:

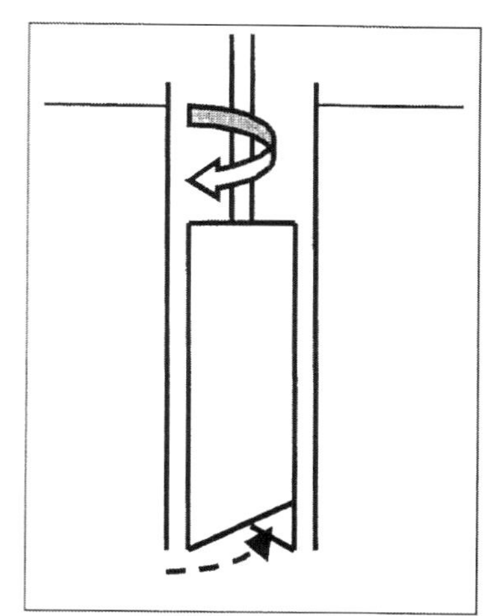

Abb. 23: Drehbohrverfahren

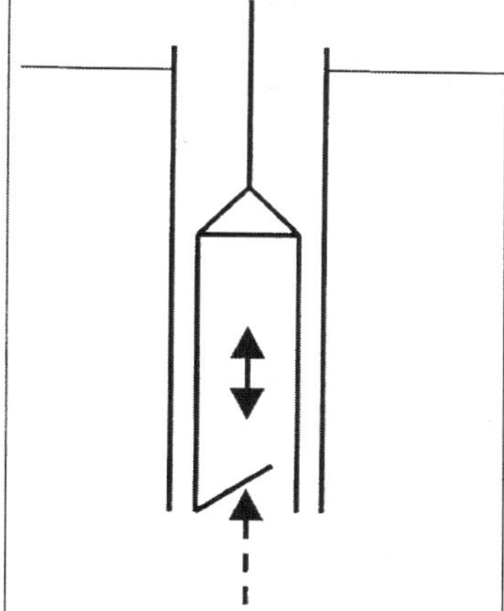

Abb. 24: Schlagbohrverfahren

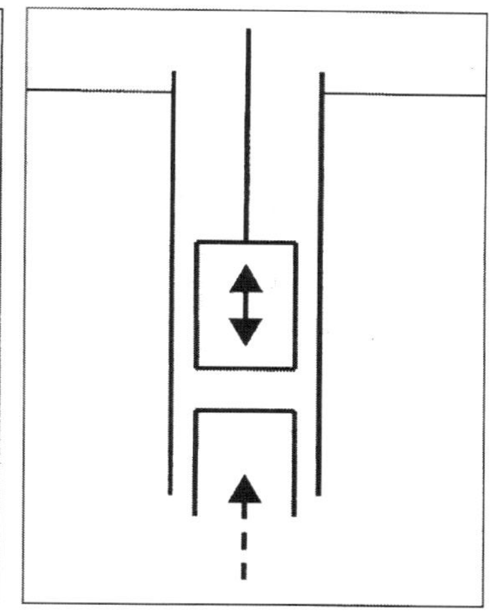

Abb. 25: Rammbohrverfahren

Die Trockenbohrverfahren wurden jedoch in den letzten 50 Jahren durch die Spülbohrtechnik weitgehend verdrängt, weil sich der Aufwand zum austragen des Bohrgutes mit zunehmender Tiefe stark vergrößert, da das Bohrwerkzeug immer von der Sohle nach oben geholt werden muss, um zu entleeren und sich damit die Spielzeit bei jedem Bohrfortschritt erhöht.

Die Spülbohrtechnik bietet darin ihren größten Vorteil, weil das Bohrgut kontinuierlich gefördert wird, und die einzigen Unterbrechungen beim Abteufen im Nachsetzen des Bohrgestänges bestehen. Außerdem übernimmt die Spülung eine Stützfunktion im Bohrloch, so dass unter Zugabe von Zusätzen keine Verrohung der Bohrlochwand nötig ist.

4.2.2 Spülbohrtechnik

Zum Erstellen der Bohrungen für Erdwärmesonden kommt hauptsächlich das Spülbohrverfahren zum Einsatz. Die Anforderungen an solche Bohrlöcher sind andere als für Brunnenbohrungen, Messstel-

---

[38] Vgl.: Urban, D.: Arbeitshilfen für den Brunnenbauer, S. 88 - 122 .

lenbohrungen oder Aufschlussbohrungen, da es nicht um die Untersuchung auf Tragfähigkeit des Bodens oder der Grundwasserförderung geht, sondern um das Einbringen eines langen Rohres, ohne besondere Ansprüche an die Erkundung. Daher ist das Wesentliche Kriterium für den Bohrunternehmer die Geschwindigkeit, mit der die Arbeiten ausgeführt werden können.

Bei der Spülbohrtechnik wird grundsätzlich unterschieden zwischen dem direkten Spülbohrverfahren und dem indirekten Spülbohrverfahren. Das indirekte Spülbohrverfahren wird auch Gegenstrom-, inverse, Links- oder Umkehrspülbohrverfahren genannt. Dabei transportiert das Spülmedium das Bohrklein durchs Gestänge an die Oberfläche. Für die verschiedenen Antriebsarten der Pumpen zum Heben des Spülmediums erfolgt eine weitere Unterteilung in Saug-, Strahl- und Lufthebepumpe. Anders als beim direkten Spülbohrverfahren sind aus verfahrenstechnischer Sicht große Bohrdurchmesser möglich, da die erforderliche Auftriebsgeschwindigkeit für das Bohrklein leicht durch den geringen Querschnitt des Bohrgestänges erreicht wird. Hierbei zeigen sich die Grenzen des direkten Spülbohrverfahrens. Weil das Spülmedium beim Aufstieg im Ringraum zwischen Gestänge und Bohrlochwand eine ausreichende Aufstiegsgeschwindigkeit besitzen muss, um das Bohrklein von der Bohrlochsohle auszutragen, sind die erreichbaren Bohrlochdurchmesser begrenzt. Bei Bohrungen für Erdwärmesonden sind geringe Durchmesser bis 200 mm erforderlich. Aus dem Grund ist derzeit das direkte Spülbohrverfahren die gebräuchlichste Methode und wird daher im Folgenden näher betrachtet.

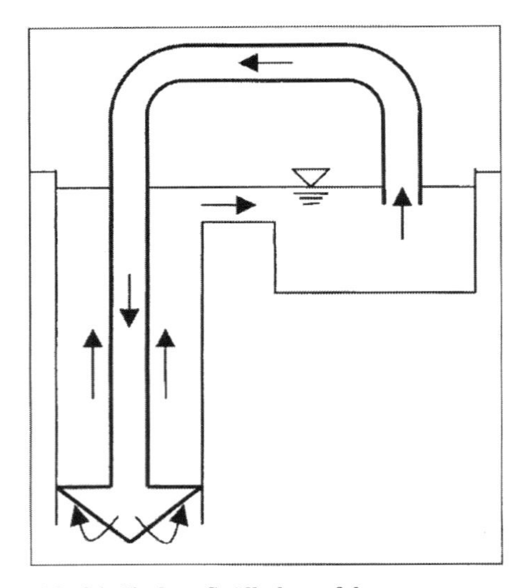

Abb. 26: direktes Spülbohrverfahren

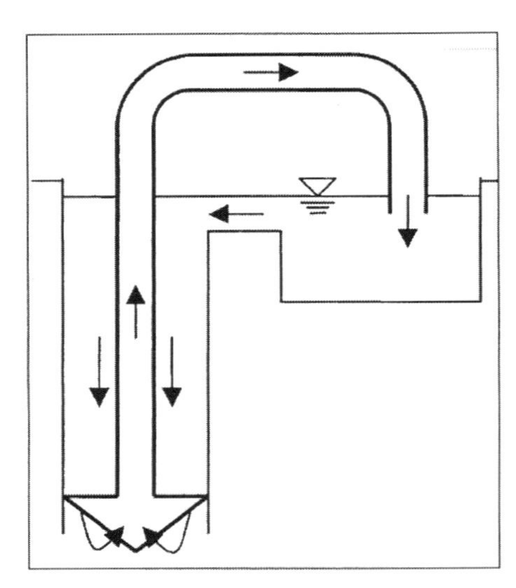

Abb. 27: indirektes Spülbohrverfahren

Beim direkten Spülbohrverfahren (Rotary – Bohrverfahren) wird Spulmedium kontinuierlich durch das Gestänge über den Bohrkopf gegen die Sohle gespült, dabei wird der anstehende Boden aufgeweicht und durch das Bohrwerkzeug gelöst. Die Spülung reinigt die Bohrlochsohle und transportiert das Bohrklein zwischen Gestänge und Ringraum nach oben, wo es in Absetzbehältern separiert wird. Durch die verschieden Antriebsarten des Bohrwerkzeuges wird beim direkte Spülbohrverfahren wiederum unterschieden in Drehbohrverfahren für Lockergestein und in Drehschlagbohrverfahren für Festgestein[39]. Für die Bodenklassen 1 – 4 wird in der Regel das Drehbohrverfahren angewandt. Für die Bodenklasse 5 – 6 ist Drehschlagbohrverfahren mit dem Imlochhammer zu wählen. In der nachstehenden Tabelle sind die Bodenklassen 1- 7 nach DIN 18300 aufgeführt und erklärt. Zwar könne Gesteine auch mit dem Rollenmeißel gebohrt werden, jedoch ist dieses Verfahren sehr Zeit-, Material- und Verschleißintensiv. Unter Punkt 4.2.2.4 wird das Überlagerungsbohren näher erläutert. Dabei

[39] Vgl.: Wenzke, R. :Seminarunterlagen Spülungstechnik.

besteht die Problematik, dass die ersten Meter des Bodenprofils aus Lockergestein und die tieferen Schichten aus Festgestein bestehen, so dass erst eine Druckspül- oder Trockenbohrung abgeteuft werden muss, um ein Standrohr einbauen zu können. Das Standrohr dient dazu, dass Nachfall aus der Lockergesteinszone nicht in die Hammerbohrung fallen kann und den Imlochhammer verkeilt und die Bohrung behindert.

Bodenklassen nach DIN 18300
Bodenklasse 1: Oberboden ist die oberste Bodenschicht, die neben anorganischen Stoffen auch Humus und Bodenlebewesen enthält.
Bodenklasse 2 : Fließende Bodenarten sind von flüssiger bis breiiger Beschaffenheit die das Wasser schwer abgeben.
Bodenklasse 3: Leicht lösbare Bodenarten sind nichtbindige bis schwachbindige Sande, Kiese und Sand-Kies-Gemische mit bis zu 15 Gew.-% Beimengungen an Schluff und Ton und mit höchstens 30 Gew.-% Steinen über 63 mm Korngröße und bis zu 0,01 m³ Rauminhalt.
Bodenklasse 4: Mittelschwer lösbare Bodenarten sind Gemische von Sand, Kies, Schluff und Ton mit einem Anteil von mehr als 15 Gew.-%, sowie bindige Bodenarten von leichter bis mittlerer Plastizität und höchstens 30 Gew.-% Steine von über 63 mm Korngröße bis zu 0,01 m³ Rauminhalt.
Bodenklasse 5: Schwer lösbare Bodenarten sind Bodenarten nach den Klassen 3 und 4, jedoch mit mehr als 30 Gew.-% Steinen von über 63 mm Korngröße bis zu 0,01 m³ Rauminhalt. Ebenso nichtbindige und bindige Bodenarten mit höchstens 30 Gew.-% Steinen von über 0,01 m³ bis 0,1 m³ Rauminhalt sowie ausgeprägt plastische Tone, die je nach Wassergehalt weich bis fest sind.
Bodenklasse 6: Leicht lösbarer Fels und vergleichbare Bodenarten sind Felsarten, die einen inneren, mineralisch gebundenen Zusammenhalt haben, jedoch stark klüftig, brüchig, bröckelig, schiefrig, weich oder verwittert sind, sowie vergleichbare verfestigte nichtbindige Bodenarten.
Bodenklasse 7: Schwer lösbarer Fels sind Felsarten, die einen inneren, mineralisch gebundenen Zusammenhalt und hohe Gefügefestigkeit haben und die nur wenig klüftig oder verwittert sind. Felsgelagerter, unverwitterter Tonschiefer, Nagelfluhschichten, Schlackenhalden der Hüttenwerke und dergleichen.

4.2.2.1 Spülungsmittel

Die Spülung hat beim Spülbohrverfahren entscheidende Bedeutung bei der Förderung des Bohrkleins, bei der Unterstützung des Bohrvorgangs durch Kühlung und Schmierung des Bohrwerkzeuges und bei der Bohrlochsicherung. Die Spülungen können aus Klarwasser bestehen. Das heißt keimarmes, sauberes Trinkwasser zum Zwecken des Grundwasserschutzes. Dem Klarwasser können Spülungsmittel hinzu gegeben werden die ebenfalls grundwasserungefährdend sein müssen. Oder die Spülungen bestehen aus Druckluft die ebenfalls mit Zusätzen versehen werden könne. Welche Spülung eingesetzt wird ist abhängig vom Bohrverfahren und von dem anstehenden Boden oder Gestein. Mit zuzugebenden Spülungsmitteln, lassen sich die verschiedensten Anforderungen bewältigen. So werden *Polymere* der Spülung hinzu gegeben, um an der Bohrlochwand einen dünnen Filterkuchen auszubilden, damit die Spülung nicht übermäßig in Grundwasserleiter eindringt und bei anstehenden Tonen das Aufquellen verhindert. Dies würde sonst den Bohrlochquerschnitt verkleinern und Druck auf über und unterliegende Schichten ausüben, so dass diese leichter nachfallen. Zudem wird die Viskosität erhöht, wodurch das Bohrklein besser ausgetragen werden kann. Polymerbasierte Produkte sind als Carboxy-Methyl-Cellulose-Polymere (CMC), Polyacrylamid (PPA), Polyacrylamat (PA), Polysacchariden und Flüssigpolymer erhältlich. Des Weiteren werden Tonmehle, so genannte *Bentonite*, verwendet um die Viskosität der Spülung zu erhöhen. Dadurch erhält die Spülung thixotrope Eigenschaften, was bei Unterbrechungen der Bohrarbeiten hilfreich ist, da solch eine Spülung bei Stillstand anfängt zu gelieren und somit das im Umlauf befindliche Bohrklein nicht absinkt, was ansonsten zum festsetzten des Bohrwerkzeuges führen könnte. Wenn der Bohrvorgang in Gang gesetzt wird, verflüssigt sich die Spülung wieder. Auch durch die Bentonit versetzte Spülung bildet einen Filter-Kuchen an der Bohrlochwand aus. Dies geschieht durch anfängliche Spülverluste, die zwischen den Bodenkörnern geliert und somit die Bohrlochwand stabilisieren. Daneben existieren Kombiprodukte die aus Polymeren und Betoniten bestehend. Für Imlochhammerbohrungen im Festgestein mit Luft als Spülung werden *Schaummittel* und Wasser der Luft beigemischt, um den Austrag von Bohrklein zu verbessern. *Additive* sind Spülungszusätze die spezielle Einsatzbereiche haben, wie beispielsweise zur Verflüssigung, zur Regulierung des pH – Wertes, als Antiquellmittel und weitere Bereiche. Für den Fall des Vorfindens artesisch gespannten Grundwassers, erfolgt ein Zusatz mit *Beschwerungsmitteln*, zum Erreichen von Spülungsdichten über 1,4 kg/l. Dies ist erforderlich um eine ausreichend hohe Wassersäule als Gegendruck aufzubauen.

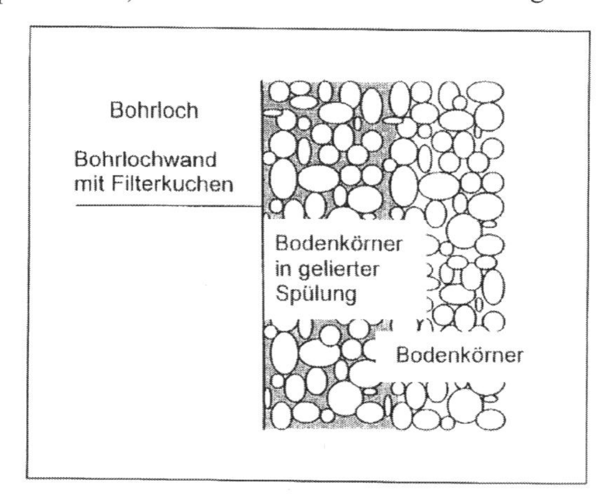

Abb. 28: Filterkuchen durch Spülmittelzusatz

Vornehmlich dient die Spülung dem Bohrkleinaustrag. Dabei ist entscheidend, wie tragfähig die Spülung ist und wie sich daraus die Aufstiegsgeschwindigkeit für das Bohrklein ergibt, um anhand dessen die geeignete Pumprate zu wählen und die Nachspüldauer vor dem Nachsetzten eines Gestängeteils zu ermessen. Aus der Pumprate Q [m^3/s] der Spülpumpe dividiert durch die Fläche A_O [m^2] des Bohrlochringraums, errechnet sich die Aufstiegsgeschwindigkeit v_{auf} [m/s] der Spülung. Die Sinkgeschwindigkeit des Bohrkleins darf dementsprechend, nicht größer sein als die Aufstiegsgeschwindigkeit der Spülung. Wenn nun auf der einen Seite eine hohe Viskosität für geringe Sinkgeschwindigkeiten gewünscht wird, ist auf der andern Seite ein optimales Sedimentationsverhalten notwendig, damit sich die mit Bohrklein aufgeladene Spülung, schnell genug entlädt, und sich folglich das Bohrklein in den Sedimentationsbehältern ablagert. Um die Spülung schnell wieder verwenden zu können, darf nicht zu viel Spülungsmittel hinzu gegeben werden.

Neben dem Bohrkleinaustrag übernimmt die Spülung die Aufgaben die Bohrlochwandstabilisation. Dazu soll der Spülungspegel mindestens 2 bis 3 m über dem Grundwasserstand sein, um einen ausreichend hohen hydrostatischen Überdruck zu gewährleisten[40]. Wenn der Überdruck jedoch zu hoch ausfällt und somit auch der Infiltrationsdruck auf die Bohrlochwand zunimmt, werden Feinteile aus der Spülung in den Grundwasserleiter eingetragen, was bei Brunnen-anlagen die Ergiebigkeit reduzieren würde. Deshalb weisen optimal eingestellte Spülungen selten Dichten über 1,05

Spülungsart	Dichtebereich in [kg/l]
Klarwasserspülung	1,00 – 1,02
Polymerspülung	< 1,10
Na – Bentonitspülung	1,02 – 1,10
Kombiprodukte	1,04 – 1,10
Kreidespülung	< 1,25
Schwerspatspülung	1,25 – 2,10

Übliche Dichten von Frischspülungen

[40] Vgl.: DVGW.: Merkblatt W 116, Kapitel 2 - Spülungssätze.

kg/l auf und müssen in der Regel nur zur Beherrschung artesisch gespannten Grundwassers erschwert werden.

Die Einhaltung der Spülungsparameter muss regelmäßig kontrolliert werden, damit keine Probleme auftreten. Dazu wird bei der Viskositätsmessung am Marsh – Trichter, die Auslaufzeit zur Kontrolle der Tragfähigkeit, Pumpfähigkeit und des Fließwiderstand überprüft. Auch muss zur Einhaltung der Spülungsdichte, eine Dichtemessung mittels Spülwaage oder Hydrometer durchgeführt werden. Mit dem Ringapparat lässt sich die Durchlässigkeit des Filterkuchens der Bohrlochwand überprüfen, indem die Zeit gestoppt wird, die die Spülung benötigt ein Filterpapier zu durchfeuchten[41]. Folgende Tabelle gibt dazu Angaben über die Eigenschaften und das Verhalten gebräuchlicher Spülungsmittel und deren Dosierung[42].

Eigenschaften	Polymere			Aktivbentonit
	Rein – CMC (PAC)	CMC techn. Qualität	Polyacrylamid (PAA)	
Erhöhung der Tragfähigkeit	sehr gut geeignet	gut geeignet	gut geeignet	gut geeignet
Filterkuchenbildung	sehr gut geeignet	gut geeignet	sehr gut geeignet	gut geeignet
Vermeiden des Quellen von Tonen	gut geeignet	gut geeignet	sehr gut geeignet	nicht geeignet
Stabilisierung von Kiesen und Sanden	mäßig geeignet	mäßig geeignet	mäßig geeignet	sehr gut geeignet
Biologische Unbedenklichkeit	mäßig geeignet	mäßig geeignet	gut geeignet	sehr gut geeignet
Dosierung direktes Spülbohren	2 – 4 [kg/m³]	6 – 15 [kg/m³]	1,0 – 2 [kg/m³]	10 – 60 [kg/m³]
Dosierung indirektes Spülbohren	1 – 3 [kg/m³]	6 [kg/m³]	0,5 – 1 [kg/m³]	10 – 30 [kg/m³]
Mittlere Schüttdichte	0,65 [kg/m³]	0,52 [kg/m³]	0,55 [kg/m³]	0,75 [kg/m³]

Verwendungsparameter gebräuchlicher Spülungsmittel

Wie bereits geschildert, nimmt die Bohrspülung das Bohrklein an der Bohrlochsohle auf und befördert dies an die Oberfläche. Dort muss die Spülung aufbereitet werden, bevor sie wieder verwendet werden kann. Gründe dafür sind vielfältig, aber letztendlich davon abgeleitet, dass sich die Spülung zu sehr mit Feinstoffen auflädt, indem Feststoffe bei mehreren Spüldurchläufen zerkleinert werden oder nicht genügend Zeit haben, um sich abzusetzen. Dies bewirkt eine Erhöhung der Spülungsdichte und folglich einen erhöhten hydrostatischen Druck, der auf die Bohrlochwand einwirkt, beziehungsweise einen erhöhten hydraulischen Widerstand der durch die Förderpumpe überwunden werden muss. Bei Klar-

[41] Vgl.: DVGW. : Merkblatt W 116, Kapitel 3 - Wahl, Bemessung, Zubereitung und Überwachung von Bohrspülungen.

[42] Vgl.: Urban, D.: Arbeitshilfen für den Brunnenbauer, Tabelle 5.1, S. 134.

wasserspülungen und tonfreien Polymerspülungen kann es je nach Bohrgut ausreichend sein, lange Beruhigungsstrecken zwischen Einlauf und Entnahmestelle der Sedimentationssysteme zu gewährleisten. Sedimentationssysteme sind zum Beispiel Spülteiche, Wannen oder Containersysteme die man hintereinander schalten oder mittels Trennwände unterteilen kann. Die Größe, also das fassbare Volumen der Sedimentationssysteme, richtet sich nach dem Bohrlochvolumen und sollte mindestes doppelt so groß sein, um auch bei plötzlich auftretenden Spülverlusten, beispielsweise beim Durchteufen von Grundwasserleitern, Reserven zur Verfügung stellt, damit die Bohrlochstabilität nicht beeinträchtigt wird. Eine Bohrung mit einem Durchmesser von 0,20 m und einer Tiefe von 80 m hat ein Volumen von: $\Pi \cdot 0{,}20^2/4 \cdot 80 = 2{,}5\ m^3$ zu erwartendem Bohrgut. 2,5 m^3 verdoppelt ergibt ein Volumen von 5 m^3 Sedimentationssystem. Da diese Größenordnung nicht überall realisierbar ist, müssen Zusatzmaßnahmen getroffen werden. Sowie auch bei tonhaltigen Spülungen, da die eigentlich gewollten thixotropen Eigenschaften der Sedimentation des Bohrkleins entgegenwirken. Um diese Anforderungen zu bewältigen, werden mechanische Aufbereitungsstufen vorgeschaltet. Beginnend mit einem Vorabscheider zum Beseitigen von groben Bohrklein. Anschließend können weitere Siebe geschaltet sein, um die Spülung von kleineren Bestandteilen zu reinigen. Im Desander und dann im Desilter wird die Spülung von Feinanteilen bis ca. 0,02 mm befreit. Desander und Desilter bestehen meist aus mehreren, in Reihe geschalteten Hydrozyklonen, in denen Zentrifugalkräfte auf die Spülung einwirken und somit die Trennung zwischen Feststoffen und Flüssigkeit erfolgt. Üblich sind Kompaktanlagen die die genannten Aufbereitungsstufen beinhalten und aufeinander abgestimmt sind. Die Durchsatzleistungen betragen bis zu 100 m^3/h an aufzubereitender Spülung und kann mit zusätzlichen Erweiterungsstufen noch erhöht werden. Falls das Bohrgut noch stärker getrocknet werden soll, zum Beispiel zur Volumen - und Massenverringerung um Entsorgungskosten einzusparen, können Zentrifugen nachgeschaltet werden, mit denen bei Bedarf auch bestimmte Spülungskomponenten wie Beschwerungsmittel zurückgewinnbar sind. Die anfallenden Feststoffe des Bohrraumes sind zumeist auf Hausmüll- oder Bauschuttdeponien zu entsorgen. Spülflüssigkeiten können je nach Wassergefährdungsklasse in öffentliche Abwasseranlagen eingespeist oder auch auf Äcker und Brachen verbracht werden, da die bindigen Bestandteile bodenverbessernd wirken[43].

4.2.2.2 Drehbohrverfahren

Die erreichbaren Bohrlochdurchmesser und Bohrlochtiefen sind beim Drehbohrverfahren mit direkter Spülung begrenzt. Dadurch, dass die Pumpe an der Oberfläche die Spülung durch das Gestänge zur Bohrlochsohle drücken muss und wieder zurück nach oben durch den Ringraum zwischen Gestänge und Bohrlochwand, bedarf es großer Pumpleistungen und Drücke. Entscheidend ist, dass die Aufstiegsgeschwindigkeit v_{auf} der Spülung im Ringraum zwischen 0,5 und 1,0 m/s liegt, damit ein guter Bohrkleinaustrag gewährleistet ist. Der Bohrdurchmesser ist durch den Ausbaudurchmesser bestimmt und damit vorgegeben. Die erforderliche Pumpenleistung Q ergibt sich aus $v_{auf} \cdot A_{Bohrloch}$, also Aufstiegsgeschwindigkeit multipliziert mit der Querschnittsfläche des

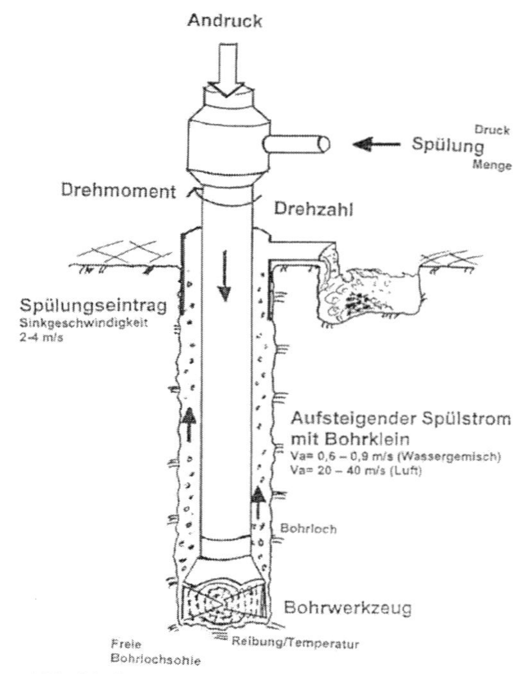

Abb. 29: Systemdarstellung des Drehbohrverfahren

[43] Vgl.: Urban, D.: Arbeitshilfen für den Brunnenbauer, Kapitel 5.1 Spülung, S. 123 - 146 .

Bohrloches $A_{Bohrloch}$. Die Bohrlöcher für Erdwärmesonden haben im Lockergestein meist 121 mm Durchmesser [44] und damit $A_{Bohrloch} = 0,0115\ m^2$. Es ergibt sich für die Pumpe eine Leistung von $Q = 1,0\ m/s \cdot 0,0115\ m^2 \cdot (3600\ s/h) = 41,4\ m^3/h$, oder nach Tabelle der folgenden Tabelle bei großen Bohrfortschritt: $121mm/25,4mm \cdot 9,6\ m^3/h = 45,7\ m^3/h$. In dem kleinen Querschnitt des Gestänges treten hohe Reibungsverluste mit zunehmender Durchflussgeschwindigkeit v_{ab} auf. Es muss nun überprüft werden, welcher Gestängedurchmesser der geeignete ist. Umso größer der Durchmesser des Gestänges, umso wenigere Reibungsverluste entstehen, und desto geringer ist der Druckverlust den die Pumpe zu bewältigen hat. Andererseits nimmt das Gewicht des Gestänges mit steigendem Durchmesser ebenfalls zu. Aus im Anhang unter Punkt 9.3 befindlichen Diagramm lässt sich die Druckverlusthöhe Hv in Verbindung mit dem Gestängedurchmesser für 100 m Bohrgestängelänge ablesen. Mit 45 m³/h Pumpenleistung als Eingangswert und einem gewählten Gestängeinnendurchmesser von 50 mm, würde sich eine Druckverlusthöhe von 100 m also 10 bar ergeben, wohingegen mit einem Gestängeinndurchmesser von 65 mm nur 26 m also 2,6 bar Verlust auftreten. Kreiselpumpen haben zwar eine hohe Pumprate, aber diese nimmt auch schnell mit steigendem Druckverlust ab, so dass bei den relativ geringen Querschnitten und großen Tiefen für Erdwärmesondenbohrungen Kolbenpumpen besser geeignet sind. Kolbenpumpen erzeugen hohe Drücke und haben eine konstante Pumprate, was weitere Vorteile generiert. Wenn also kleinere Gestängedurchmesser verwendet werden können, ergibt sich zum einen eine Arbeitserleichterung für den Arbeiter. Zum anderen benötigt das Bohrgerät weniger Zugkraft um den Bohrstrang zu halten und durch die erhöhte Austrittsgeschwindigkeit der Spülflüssigkeit an der Bohrkrone wird der Bohrvorgang unterstützt[45]. Neben den technischen Bedingungen zum Erreichen optimaler Aufstiegsgeschwindigkeiten zum Bohrkleinaustrag ist auch die Größe der Bohrkleinbestandsteil, den so genannten Cuttings, maßgebend. Je nachdem wie groß und schwer diese sind, hängt davon deren Aufstiegsgeschwindigkeit ab. In einer Klarwasserspülung mit 1,0 kg/l Dichte und Aufstiegsgeschwindigkeit von 1 m/s steigen Cuttings mit 10 mm Durchmesser und 2,6 kg/dm³ nur 0,45 m/s auf, weil diese in der aufsteigenden Spülung absinken. Dabei sinken größere Cuttings schneller als Kleine und erreichen erst später die Oberfläche. Deswegen ist es auch schwer, das Erbohrte den jeweiligen Tiefen zum Erstellen eines Bodenprofils zuzuordnen. Wenn die Cuttings so groß sind, dass ihre Sinkgeschwindigkeit die Aufstiegsgeschwindigkeit der Spülung übersteigt, verbleiben diese am Boden der Bohrlochsohle, bis das Bohrwerkzeug die Cuttings ausreichend zerkleinert hat. Um die Cuttings möglichst vollständig auszutragen, muss deshalb die Nachspüldauer lang genug sein, bevor der Bohrvorgang zum Gestängenachsetztеn unterbrochen werden kann. Geschieht dies nicht, besteht die Gefahr, dass sich das Bohrwerkzeug festsetzt, indem das Bohrklein absinkt und das Bohrloch verstopft. Außerdem sollte beim Nachspülen darauf geachtet werden, dass das Bohrwerkzeug langsam auf und ab bewegt wird, um den erbohren Bereich zu säubern und vorrangig, um Auskesselungen in der Bohrlochwand zu vermeiden. Die Spülungsgeschwindigkeit hängt noch von vielen weiteren Faktoren ab. Zum Beispiel, zusätzliche Reibungsverluste im Spülkopf, im Bohrwerkzeug, Pumpenverschleiß, Strömungsverhältnisse und Spülungsverluste, so dass nicht pauschal festgelegt werden kann, wie lang die Nachspüldauer zu sein hat. In der Praxis erkennt der Bohrgeräteführer die Nachspüldauer daran, dass die Spülung zu einem bestimmten Zeitpunkt kein Bohrklein mehr mitführt, um den Bohrvorgang dann erst zu unterbrechen. Bei hohen Spülungsdrücken am Bohrwerkzeug kann die Bohrarbeit aktiv unterstütz werden. Dazu sind jedoch entsprechende

Pumprate pro Zoll (25,4mm) Bohrmeißeldurchmesser	Bemerkung
6,6 m³/h	Mindestpumprate
7,8 m³/h	Bohrfortschritt < 4,5 m/h
9,6 m³/h	Bohrfortschritt > 4,5 m/h

Richtwerte für Pumprate Q

[44] Vgl.: Röhmer, L: Oberflächennahe Geothermie, Erdwärmesonden – Bohrung in der Praxis verwendete Bohrdurchmesser.

[45] Vgl.: Urban, D.: Arbeitshilfen für den Brunnenbauer, Kapitel 5.2.1 Drehbohrverfahren, S. 147 - 171 .

Düsen notwendig, die den Spülstrom verengen, um Geschwindigkeiten von ca. 30 m/s zu erreichen. Zu dem ist eine hoher Pumpendruck und geeigneter Untergrund Voraussetzung.

Das Bohrwerkzeug muss dem anstehenden Untergrund angepasst sein um einen wirtschaftlichen Bohrvorgang zu gewährleisten und lange Standzeiten der Bohrköpfe zu ermöglichen. Beim direkten Spülbohren wird in Blattmeißel, B – Meißel, Spülbohrkronen, Flügelmeißel, Klauenmeißel, Rollenmeißel, Kombimeißel und in Diamantbohrmeißel unterschieden, die im Weiteren näher betrachtet werden. *Blattmeißel* haben zwei (Fischschanzmeißel), drei (Mehrblattmeißel) oder auch vier Schneidblätter, die den Untergrund schneidend und scherend lösen. Blattmeißel werden überwiegend zum Durchbohren von weichen Böden verwendet. Eine Besonderheit stellt der *B – Meißel* dar, da dieser durch seine paraboloidförmigen Blattschneiden eine längere Schneidfläche aufweist und daher eine längere Haltbarkeit als die üblichen Blattmeißel gewährleistet. Spülbohrmeißel bestehen aus einem zylindrischen Grundkörper, mit einer großen Spülöffnung, an dem drei oder mehr gepanzerte Zähne angeordnet sind. *Spülbohrkronen* sind einfache Bohrwerkzeuge, die für weiche und mitteldicht gelagerte Böden geeignet sind. *Flügelmeißel* stellen prinzipiell verbesserte Blattmeißel dar, weil durch ihren kurzen Grundkörper die Spülöffnung nah am Bohrlochboden positioniert ist und eine gute Reinigungswirkung erzielt wird. An den Meißelflügeln sind spatenförmig oder auch stufenförmig Hartmetallschneiden angebracht die lange Standzeiten erreichen. Flügelmeißel sind neben dem Einsatz in Böden auch für den Einsatz im weichen Gestein geeignet und finden dadurch häufig Anwendung, bei Erdwärmesondenbohrungen im Bereich des norddeutschen Beckens, wo in der Regel mit Lockergestein zu rechnen ist. Vorteilhaft ist, dass auch ohne Wechsel des Bohrwerkzeuges aufgewitterte Festgesteinsformationen durchbohrt werden können. Die folgende Tabelle gibt einen zusammenfassenden Überblick, über die Arten der Spülbohrwerkzeuge und deren Einsatzbereich.

Abb. 30: Dreiflügelmeißel mit API Regular und N-Rod Anschlussgewinden.

Formation	Spülbohrwerkzeug
Weiche Böden	Fischschwanzmeißel, Mehrblattmeißel, Spülbohrkronen, Flügelmeißel
Mitteldicht gelagerte Böden	Fischschwanzmeißel, Mehrblattmeißel, B – Meißel, Spülbohrkronen, Flügelmeißel, Klauenmeißel, Düsenrollenmeißel, Kombimeißel
Dicht gelagerte Böden	Fischschwanzmeißel, Mehrblattmeißel, B – Meißel, Flügelmeißel, Klauenmeißel, Zahnrollenmeißel, Düsenrollenmeißel, Kombimeißel
Weiches Gestein	Flügelmeißel, Klauenmeißel, Zahnrollenmeißel, Warzenrollenmeißel, Düsenrollenmeißel, Kombimeißel, PKD – Bohrmeißel
Mittelhartes Gestein	Zahnrollenmeißel, Warzenrollenmeißel, Düsenrollenmeißel, Diamantbohrmeißel (oberflächengesetzt, imprägniert), PKD – Bohrmeißel
Hartes Gestein	Zahnrollenmeißel, Warzenrollenmeißel, Diamantbohrmeißel(oberflächengesetzt, imprägniert), PKD – Bohrmeißel
Extrem hartes Gestein	Warzenrollenmeißel, Diamantbohrmeißel, imprägniert)

Rollenmeißel sind in vielen Ausführungsvarianten erhältlich. Moderne Rollenmeißel bestehen aus konisch geformten Meißelrollen, die schräg zur Drehachse des Bohrstranges nach außen zur Bohrlochsohle gerichtet sind. Die Meißelrollen sind mit Kugel- oder Lagerollenkonstruktionen drehbar am

Grundkörper verbunden und rollen somit auf der Bohrlochsohle ab. Die Meißelrollen sind je nach Anforderung an den Untergrund entsprechend ausgebildet. So werden Zahnrollenmeißel mit gefrästen Zähnen für weiche bis harte Formationen verwendet und für mittelharte bis sehr harte Formationen Warzenrollenmeißel mit Hartmetalleinsätzen. Die Länge und der Abstand der Zähne oder Hartmetalleinsätze zueinander muss kleiner gewählt werden, je härter das anstehende Gestein ist. Lange Zähne und schaufelförmige Hartmetalleinsätze dringen tiefer ins weiche Gestein ein und arbeiten dabei überwiegend grabend und scherend, wohingegen bei hartem Gestein kurze, stubbenartige Zähne und Warzen splitternd und zermalend wirken. Rollenmeißel könne mit Düsen, als *Düsenrollenmeißel*, zur aktiven Unterstützung des Bohrvorganges ausgestattet sein. Die Einteilung und Unterscheidung erfolgt, neben den offensichtlichen konstruktiven Merkmalen, nach dem so genannten Code API (- American Petroleum Institute) oder auch nach IADC (- International Association of Drilling Contractors). Der IADC – Code besteht aus drei Ziffern XXX. Die erste Ziffer gibt die Gesteinsformation an, für welche der Rollenmeißel geeignet ist. 1 - 3 steht für Zahnmeißel und weiche Formationen, 4 - 8 für einen Warzenmeißel und härteste Formationen. Die zweite Ziffer erlaubt eine weitere Unterteilung der Zähne oder Hartmetaleinsätze innerhalb der in der ersten Ziffer festgelegten Formationshärte, bezüglich der Bohrbarkeit und Druckfestigkeit. Die dritte Ziffer gibt Auskunft zur Art der Lagerung und Abdichtung der Meißellager[46].

Abb. 31: Zahnrollenmeißel IADC Code 111

Abb. 32: Zahnrollenmeißel IADC Code 311

Abb. 33: Warzenmeißel IADC Code 527

Der IADC Code 111 des ersten Meißels besagt, dass dieser für weiche Gesteinformationen geeignet ist sowie offene Rolllager besitzt. Da meist gebrauchte Meißel verwendet werden, kann an dem Code erkannt werden, wie der Meißel im Neuzustand auszusehen hätte und wie weit er nun verschlissen ist. Der Code des zweiten Meißels identifiziert ihn als Zahnrollenmeißel für harte Formationen und offenen Rolllagern. Der Code des dritten Meißels besagt, dass es sich um einen Warzenmeißel handelt, mit abgedichteten Gleitlagern und extra Hartmetaleinsätzen am äußeren Rand der Meißelrollen zum Kalieberschutz. Für Diamantbohrmeißel gilt ein anderer Code mit sechs Ziffern.

Im Brunnenbau werden vornehmlich *Diamantenbohrköpfe* verwendet, die mit synthetisch hergestellten Diamanten, so genannten PKD – polykristalline Diamanten, versehen sind. Diese sind kostengünstiger als Diamantenwerkzeuge mit oberflächengesetzten oder imprägnierten Naturdiamanten und ermöglichen zudem sehr hohe Bohrfortschritte und lange Standzeiten. Diamantenbohrköpfe eignen sich für harte Gesteinsformationen und Bohrköpfe mit imprägnierten Diamanten sogar für extrem hartes Gestein. Für den Bohrfortschritt ist neben der Wahl des geeigneten Bohrwerkzeuges, der

[46] Vgl. Comdrill: Katalog Bohrwerkzeuge – Injektionsausrüstung, S. 51.

Spülung und der Aufstiegsgeschwindigkeit der Andruck des Bohrwerkzeuges auf die Bohrlochsohle entscheidend. Grundsätzlich soll der Andruck größer werden, je härter die zu durchteufende Formation ist. Der Andruck setzt sich aus dem Eigengewicht des Bohrstranges und der Vorschubkraft der Vorschubeinrichtung (Pull-down) des Bohrgerätes zusammen. Gegenfalls kann der Andruck durch die Vorschubeinrichtung reduziert oder durch den Einbau von Schwerstangen erhöht werden, damit der optimale Andruck dem Bohrwerkzeug entsprechend eingehalten wird. Dazu und zu der erforderlichen Drehzahl und dem Drehmoment gibt die nachstehende Tabelle Auskunft. Für die Drehzahl gilt allgemein, dass diese dann optimal eingestellt ist, wenn durch entsprechende Erhöhung kein wesentlicher Bohrfortschritt zu verzeichnen ist. Das Drehmoment spielt anders als beim Trockenbohrverfahren eine untergeordnete Rolle, da keine Mantelreibung am Bohrstrang überwunden werden muss, sondern lediglich direkt am Bohrkopf. Dies ist auch der wesentliche Grund, weshalb großen Bohrtiefen mit den Spülbohrverfahren erreicht werden können. Ein erhöhtes Drehmoment ist jedoch bei Brechvorgängen zum Lösen der Gestängeabschnitte oder beim Freifahren festsitzender Bohrstränge erforderlich.

Bohrwerkzeugtyp	Boden- / Gesteinsart	Erf. Andruck [kN/mm Werkzeugdurchmesser]	Drehzahl [U/min]
Flügel - / Stufenmeißel	weich	0,150 – 0,700	150 – 50
	mitteldicht	0,250 – 0,800	140 – 40
	dicht	0,350 – 0,900	50 – 30
Zahnrollenmeißel	weich	0,300 – 1,000	150 – 70
	weich – mittelhart	0,500 – 0,900	130 – 60
	mittelhart - hart	0,500 – 1,000	100 – 50
	hart	0,550 – 1,150	80 – 40
	extrem hart	0,600 – 1,200	35 – 70
Warzenrollenmeißel	sehr weich	0,350 – 0,700	110 – 55
	weich	0,400 – 0,850	100 – 45
	mittel weich	0,450 – 0,900	100 – 40
	mittelhart - hart	0,450 – 0,900	80 – 40
	hart	0,550 – 1,250	60 – 35
	extrem hart	0,750 – 1,350	50 – 30
Diamantbohrmeißel, oberflächengesetzt	mittelhart - hart	30 – 60 N/direkt im Eingriff stehenden Stein	180 – 40
Diamantenbohrmeißel, imprägniert	mittelhart – extrem hart	3 – 10 N/mm² Schneidelement	250 – 100
PKD - Bohrmeißel	weich - hart	2 -3 kN/Schneidelement	120 – 60

Andruck und Drehzahl der Bohrwerkzeuge (nach Herstellerangaben)

Die Hersteller von Bohrgeräten und Bohrwerkzeugen geben in ihren Unterlagen entsprechende Nomogramme für Standardfälle bei, so dass dementsprechend Andruck, Drehzahl, Bohrwerkzeug, Spülung und Pumprate gewählt werden kann, um einen wirtschaftlichen Bohrfortschritt zu erreichen.

Vor Bohrbeginn muss in der Regel ein Standrohr gesetzt werden, um die Bohrlochwand im oberen Bereich zu sichern. Zudem ist es mittels einer Zementation im Boden zu verankern und mit einem Ausbruchschieber zu versehen, wenn artesisch gespannte Grundwasser zu erwarten sind. Mit dem Ausbruchschieber (auch blow - out - Preventer, BOP) kann das Bohrloch abgeriegelt werden, um den sich aufbauenden Druck gefahrlos über einen Bypass abzuleiten. Da in der Regel mit Wannen- oder Containersystemen zur Aufbereitung der Spülung gearbeitet wird, muss dafür gesorgt werden, dass der Austrittspunkt der Spülung hoch genug liegt, damit die Spülung drucklos in die Systeme laufen kann. Dazu sind die Aufbereitungssysteme entweder tiefer zu legen, oder die Arbeitsebene des Bohrgerätes zu erhöhen, indem das gesamte Bohrgerät aufgebockt wird. Des Weiteren würde die Möglichkeit bestehen einen Behälter zwischenzuschalten, von dem aus mittels gepanzerter Tauchpumpe das Aufbereitungssystem beschickt wird.

Der Bohrstrang beim Spülbohrverfahren besteht aus dem Bohrwerkzeug, Stabilisatoren, Übergänge, Schwerstangen, Mitnehmerstangen und dem Bohrgestänge. *Stabilisatoren* werden ca. 1 m hinter dem Bohrwerkzeug zwischen den Bohrsträngen und anschließend in weiteren 5 m Abstand und dann alle 10 m gesetzt. Bis zu einem Bohrlochdurchmesser von ca. 12¼ Zoll sollte der Stabilisator nur ca. 1/32 Zoll kleiner sein als dieser und darüber ca. 1/16 Zoll kleiner. Der Stabilisator soll das Gestänge im Bohrloch zentrieren und so für eine lotrechte Bohrung sorgen und Schwingungen abfangen. Die Bauformen unterscheiden sich in quadratische Querschnitte oder Blattstabilisatoren mit Zentrierblättern, Muffen – oder Rotationsstabilisatoren oder auch Rollenstabilisatoren. *Übergänge* stellen Verbindung zu unterschiedlichen Bohrstrangkomponenten her. *Schwerstangen* sind großkaliberige, dickwandige Gestängerohre, die im unteren Teil des Bohrstranges angebracht werden, um den Andruck durch das Gesamtbohrstranggewicht zu erhöhen, und somit schnellere Bohrfortschritte zu erzielen. Das ist auf diese Weise notwendig, weil der Andruck durch die Vorschubeinrichtung der Bohrmaschine 75 % des Gesamtbohrstranggewichts nicht übersteigen darf, da es ansonsten zu einer Überlastung, zum Bruch und zu Bohrlochabweichungen kommen kann. *Mitnehmerstangen*, auch Kellystangen genannt, werden verwendet wenn mit einen Drehtisch gearbeitet wird und dessen Drehmomente auf das Gestänge und Bohrwerkzeug übertragen werben soll. Die Mitnehmerstange weist aufgrund dessen meist einen quadratischen Querschnitt auf. Drehtische werden vorrangig beim indirekten Spülbohrverfahren und großkaliberigen Bohrungen verwendet. Die Übertragung des Drehmomentes erfolgt beim kleinkaliberigen Spülbohrverfahren für Erdwärmesondenbohrungen über Kraftdrehköpfe. Weitere Bestandteile des Bohrstranges können sein: Stoßdämpfer zur Minderung von Schwingungen und Schlägen bei harten Gesteinsformationen und Räumer, die Bohrlöcher aufweiten, Sicherheitsverbinder als Sollbruchstellen, die das Trennen des Bohrstranges von fest sitzendem Bohrwerkzeug ermöglichen und Gestängeprotektoren zur Verscheißminderung an Futterrohr und Bohrgestänge. Das *Bohrgestänge* kommt in einer Vielzahl von Varianten vor, bei denen unterschieden werden kann in standardisierte Bohrgestänge nach API und in verschiedene Werksnormen. Grundsätzlich kommt es darauf an, dass die Gestängeverbindungen luftdicht ausgeführt sind, um Spülungsverlust zu vermeiden. Außerdem sollten möglichst günstige Strömungsbedingungen vorhanden sein, dass heißt ein annähernd gleicher Querschnitt von dem Spülkopf bis zur Bohrlochsohle. Der Bohrstrang muss ausreichend hohe Drehmomente und Andruckkräfte weiterleiten können und die Gestängeverbindungen hohe Zugkräfte, die durch das Bohrstranggewicht und eventuellen festsitzenden Bohrwerkzeugen erforderlich werden können. Bei großkaliberigen, tiefen Bohrlöchern erreichen die Bohrstränge schnell ein hohes Eigengewicht, so dass in diesen Bereich mit API – Gestängen, mit nach außen verdickten Gestängeverbindern gearbeitet wird. Für die Erdsondenbohrungen mit kleinem Bohrlochdurchmesser werden jedoch außen glatte Gestänge bevorzugt, um den Spülstrom von der Bohrlochsohle an die Oberfläche nicht zu behindern, indem die verdickten Gestängeverbindungen den Ringraum ansonsten verengen würden[47].

---

[47] Vgl. Urban, D. : Arbeitshilfen für den Brunnenbauer, Kapitel 5.2.4 Bohrstrang, S. 186 - 202 .

4.2.2.3 Drehschlagbohrverfahren

Abb. 34: Hochdruck Imlochhammer

Das Drehschlagbohrverfahren wird angewandt im Festgestein und in harten, bindigen Böden. Es sind große Bohrtiefen bis zu 150 m erreichbar. Die Arbeitsweise charakterisiert sich durch das drehend schlagende Bohrwerkzeug, dem Imlochhammer, der mit einer unter hohen Druck stehen Spülung angetrieben wird. Auch Bezeichnungen wie DTH Hammer – Down – the – hole oder Senkbohrhammer, Unterlufthammer und Tieflufthammer sind gebräuchlich. Beim Bohrvorgang schlägt der Imlochhammer wiederholend auf den anstehenden Untergrund und löst ihn so. Damit er nicht immer auf dieselbe Stelle schlägt, wird er bei jedem Schlag ein Stück weiter gedreht. Dies geschieht übertägig durch den Kraftdrehkopf an der Bohrmaschine, der über das Bohrgestänge mit dem Imlochhammer verbunden ist. Über das Gestänge werden die Andruckkräfte und die Drehbewegung geleitet sowie die Spülung im Inneren. Die Luftspülung strömt dann durch den Imlochhammer, wobei ein Schlagkolbenmechanismus in Gang gesetzt wird, der einen Stiftbohrmeißel an der Imlochhammerkrone antreibt. Die Druckluftspülung säubert beim Austreten aus dem Imlochhammer die Bohrlochsohle und nimmt das Bohrklein beim Aufstieg mit. Zudem dient es auch der Kühlung des Bohrwerkzeuges. Luft hat als Spülmedium eine geringe Tragfähigkeit, weshalb im Vergleich zum direkten Spülbohrverfahren höhere Aufstiegsgeschwindigkeiten im Bereich von 20 bis 40 m/s erreicht werden müssen. Die Aufstiegsgeschwindigkeit v_{auf} errechnet sich aus:

$$v_{auf}\,[m/s] = \frac{\text{Druckluftmenge } [m^3/min]}{(\text{Bohrdurchmesser } [mm])^2 - (\text{Gestängedurchmesser } [mm])^2} \cdot 21231\,.$$

Für den Bohrdurchmesser der Erdwärmesonde in der Höhe von 121 mm, einer erforderlichen Aufstiegsgeschwindigkeit von 30 m/s und einem Gestängedurchmesser von 60 mm würde sich demnach eine Druckluftmenge 15,6 m³/min ergeben. Die ausschlaggebende Beziehung ist dabei das Verhältnis zwischen Bohrlochdurchmesser und Gestängedurchmesser. Je weniger Ringraum vorhanden ist, desto höhere Aufstiegsgeschwindigkeiten ergeben sich und umso weniger Druckluft wird benötigt. Die Betriebsdrücke der Imlochhammer unterscheiden sich in der Ausführung als Niederdruckhammer mit 6 bis 14 bar und als Hochdruckhammer mit Drücken von 14 bis 35 bar. Der Hochdruckhammer ist vorrangig im Einsatz, weil damit größere Bohrdurchmesser und Bohrtiefen sowie ein höherer Bohrfortschritt möglich sind[48]. Zusätzlich wird das Drehschlagbohrverfahren nach den verschiedenen Spülungsarten unterschieden.

Die Druckluftspülung ist das am häufigsten angewandte Verfahren, weil es einfach zu realisieren ist, jedoch hohe Kompressorleistungen erfordert bei großen Bohrlochdurchmessern. Zudem hat sich die Zugabe von Schaummitteln bewährt.

---

[48] Vgl.: Urban, D.: Arbeitshilfen für den Brunnenbauer, Kapitel 5.2.2. Drehschlagbohrverfahren, Seite 171 - 173 .

Ein weiteres Bohrverfahren stellt die zusätzliche Verwendung von Wasserspülung dar. Hierbei wird mit einem Doppelwandgestänge durch den Ringraum zwischen innerem in äußerem Rohr der Imlochhammer mit Druckluft zur Schlagarbeit versorgt und über das innere Rohr die Wasserspülung zugeleitet. Dieses Verfahren ermöglicht eine hohe Staubbindung. Als neuste Systeme werden Bohrverfahren mit Umkehrspülung angeboten. Die Bohrkrone dichtet während des Bohrens das Bohrloch gegenüber dem Ringraum zwischen Bohrlochwand und Gestänge ab. Das Bohrgut wird durch äußere Luftaustrittsöffnungen in der Bohrkrone zu einer mittleren Abluftöffnung geblasen und über das Innenrohr eines Doppelwandgestänges abgefördert. Dadurch lassen sich nahezu unverschmutzte Proben, teufegenau aus dem Bohrgut gewinnen[49]. Generell sind Imlochhämmer hochpräzise Werkzeuge, die extremen Belastungen ausgesetzt sind und daher jeweils nach ca. 200 h Betriebszeit zu Warten sind, indem sie zerlegt und gereinigt werden sollten. Außerdem sind während des Betriebes Druckluftschmieröle der Spülung beizugeben um den inneren Verschleiß zu minimieren. Für eine effektive Imlochhammerbohrung ist die Druckluftmenge, Bohrlochdurchmesser und Aufstiegsgeschwindigkeit aufeinander abzustimmen. Dabei ist es ebenfalls notwendig die Druckluftmenge des Kompressors 20 % größer auszulegen, als für den Betrieb der jeweiligen Hammers benötigt wird. Der Arbeitsdruck richtet sich nach dem Bedarf des Hammers und der gewünschten Schlagfrequenz. So erhöht sich die Schlagfrequenz des Hammers proportional um den Faktor 1,4 bis 2,0 zur Erhöhung des Arbeitsdruckes. Zu berücksichtigen ist, dass der angezeigte Arbeitsdruck am Kompressor reduziert werden muss, um den Druck am Imlochhammer zu bestimmen Da durch die Durchflusswiderstände im Spülschlauch, im Spülkopf und im Bohrgestänge Arbeitsdruckverluste auftreten und unter Umständen der im Bohrlochringraum anstehende Gegendruck durch Wasserzufluss so groß wird, das es den Imlochhammer „abwürgt“ und vorerst gespült werden muss, um den Gegendruck zu überwinden. Zum Freispülen muss der Imlochhammer ca. 1 Minute, 15 bis 20 cm angehoben werden, wodurch er die Spülstellung einnimmt und die Druckluft ihn so frei durchspült. Der erforderliche Andruck richtet sich zu einen nach dem Arbeitsdruck und muss so hoch sein, dass die Bohrkrone beim schlagen nicht gegen die Führungshülse aufsitzt und diese beschädigt. Zum anderen darf der Andruck aber nicht so hoch gewählt werden, dass sich der Hammer nicht mehr drehen bzw. umsetzten lässt. Zudem ist das ansteigende Gewicht des Bohrstranges mit zunehmender Länge beim Andruck zu berücksichtigen. Die Drehzahl [U/min] mit der der Bohrstrang vom Kraftdrehkopf gedreht wird richtet sich nach dem Bohrfortschritt in [mm] multipliziert mit einem Faktor von 0,05 bis 0,08, je nach Bohrlochdurchmesser. Die folgende Tabelle beinhaltet einige gängige Imlochhämmer nach verschiedenen Größen. Beispielsweise sind für Erdwärmesondenbohrungen im Festgestein der

[49] Vgl. Comdrill : Katalog Bohrwerkzeuge – Injektionsausrüstung, S. 44 Imlochhämmer .

Technische Daten: Dominator 100 **HALCO – Imlochhämmer** (Hersteller)

MACH 20 -120: Ventillose Hochdruckhammer

HSA 44, HSA 5, HSA 6, HSA 8: Stoßdämpfer für MACH 44, 50, 60, 80

Typenbe - zeichnung	Luftverbrauch in m³/min bei					Außendurch – messer [mm]	Länge Krone [mm]	Gewicht [kg]	Meißeldurch - messer [mm]
	7 bar	10,5 bar	14 bar	17 bar	24 bar				
Dom. 100	1,7	2,6	3,6	4,5		47	839	7	55 – 64
MACH 20	2	3,8	5,8	7,6		62	840	13	70 – 76
MACH 303	3,7	5,4	7,7	9,9	14,7	77	830	18	85 – 100
Dart 350	4	6,1	8,5	10,5	14,2	81	832	23	90 – 104
MACH 44	4,8	7,0	9,5	12,0	17,2	95	1000	35	105 – 150
Dom. 400	5,2	7,5	9,9	12,2	17,0	98	1042	38	105 – 150
MACH 50	5,7	7,2	11,0	14,9	23,4	114	1012	54	127 – 178
Dom. 500	6,5	8,5	12,0	15,6	22,6	114	980	58	127 – 178
MACH 60	7,1	9,5	12,5	16,4	25,5	139	1095	89	152 – 280
Dom. 600		9,5	14,1	19,5	30,0	139	1208	94	152 – 280
MACH 80	7,4	11,3	14,7	19,5	33,9	182	1180	180	203 – 444
MACH 120		21,5	28,3	35,4	48,1	273	1667	614	300 – 610
MACH 122	19,8	29,5	39	48,1	70,8	273	1667	614	300 – 610

Imlochhämmer aus Katalog des Bohrgerätehändlers Comdrill

Imlochhammer Typ MACH 44 mit einem Außendurchmesser von 95 mm und Meißeldurchmesser bis 150 mm geeignet. Zu den verschiedenen Imlochhämmern gehören Stoßdämpfer die in den Bohrstrang eingebaut werden und die Rückschläge des Hammers aufnehmen. Dadurch werden Gestänge und Kraftdrehkopf geschont und Geräusche gedämpft.

Als Meißel kommen vornehmlich Stiftbohrmeißel zum Einsatz. Unterschieden werden diese nach ihren Bauarten als flache, konkave oder konvexe Stiftbohrkronen, sowie nach deren Hartmetallstifteinsätzen die halbrunde oder konische Form haben können, die je nach Art des Untergrundes zum Einsatz kommen. Durch die Kombination der verschieden Formen von Bohrkronen und Hartmetallstiften miteinander, kann der Meißel den jeweiligen Bohrbedingungen angepasst werden um lange Standzeiten zu erreichen. Dazu gehört auch eine regelmäßige Kontrolle der Länge der Hartmetallstifte, um diese rechtzeitig zu erneuern und aufzuarbeiten.

Abb. 35: Bohrkronen formen:
Links: flache Kopfform, Standartform für mittelharte und harte Formationen.
Mitte: konvexe Kopfform für hohe Bohrfortschritte in mittelharten Formationen.
Rechts: konkave Kopfform für genaue Bohrverläufe und mittelharte bis harte Formationen.

Abb. 36: Hartmetallstifte der Stiftbohrmeißel:
Links: konische Form für hohe Bohrfortschritte, jedoch starken Verschleiß, geeignet für Formationen geringer Druckfestigkeit.
Rechts: halbrunde Form für geringen Verschleiß und harten Untergrund.

Kommt es während des Bohrens zum Nachfallen von Gestein, so dass der Imlochhammer oder der Bohrstrang verklemmen, kann durch einen eingebauten Fräskopf oder Rückzieh-Schlagbohrkopf der Bohrer wieder befreit werden. Vorteile des Drehschalgbohrens gegenüber dem Drehbohren zeigen sich besonders durch die Verwendung von Druckluft als Spülmittel, weil die Zuordnung des Bohrkleins tiefengenau erfolgt und wasserführende Schichten erkannt werden können. Zudem sind keine Spülgruben nötig und der Spülstrom kann bei geschlossenen Systemen zur Spülstromfilterung direkt in Abfuhrmulden oder Containern aufgefangen werden und mittels zusätzlicher Absauganlagen die Staubbildung eingedämmt werden, was ansonsten bei offenen Systemen zu großen Verunreinigungen führt[50].

4.2.3 Trockenbohren zum Setzen des Standrohres

Bevor mit dem Spülbohrverfahren begonnen werden kann, muss in der Regel ein Standrohr gesetzt werden, durch das die weitere Bohrung erfolgt. Das ist notwendig um eventuelle Überlagerungen zu durchteufen und eine standsichere Oberkante der Bohrlochöffnung zu erhalten. Dazu wird im Drehbohrverfahren des Trockenbohrverfahren mittels Bohrschnecken die Überlagerung durchbohrt und die Verrohrung des Bohrloches mit geschoben. Beim Erreichen größerer Tiefen, kann das Verfahren per Bohrschnecke sehr aufwendig werden, weil diese, nachdem sie den anstehenden Boden aufgenommen hat, zum entleeren an die Oberfläche geholt werden muss, indem das Gestänge Stück für Stück ausgebaut und zum Weiterbohren, wieder eingebaut wird. Besser geeignet sind Endlosschnecken, die den abgebauten Boden in der Verrohrung kontinuierlich fördern. Das Drehmoment aufs innere Gestänge wird durch einen Kraftdrehkopf geleistet und der Andruck übertragen. Die äußere Verrohrung kann entweder mit einem Drehtisch eingebracht werden, der das Rohr außen hält und Andruck und Drehmoment ausübt oder mittels Doppelkopf mit innerem und äußerem Antrieb. Für Standrohre im Lockergestein reichen einige Meter Tiefe, um anschließend schneller mittels Spülbohrverfahren weiter zu bohren. Wird allerdings Festgestein erwartet, muss erst die Überlagerung durchbohrt sein, bevor mit dem Imlochhammer unverrohrt weitergebohrt werden kann. Da diese gelegentlich sehr tief reichen und die Mantelreibung an der Verrohrung zu stark wird, müssen mehrere Rohrtouren ineinander teleskopiert werden[51]. Der sich daraus ergebende Mehraufwand kann durch verschiedene Überlagerungsbohrtechniken, die im Folgenden genannt werden verringert werden.

4.2.4 Überlagerungsbohren

Das Überlagerungsbohren stellt eine Erweiterung des Drehschlagbohrverfahrens mit Imlochhammer dar. Die Problematik besteht darin, dass mit dem Imlochhammer eine Lockergesteinsschicht durchfahren werden müsste und anschließend die eigentliche Festgesteinsschicht. Weil dafür der Imlochham-

---

[50] Vgl.: Urban, D.: Arbeitshilfen für den Brunnenbauer, Kapitel 5.2.2. Drehschlagbohrverfahren, S. 176 - 182.

[51] Vgl.: Urban, D.: Arbeitshilfen für den Brunnenbauer, Kapitel 3.2.1Bohrrohre, Standrohre und Futterrohre, S. 76 - 83.

mer aber nicht geeignet ist, wird entweder erst per Drehbohrverfahren mit Flüssigkeitsspülung oder im Trockenbohrverfahren mittels Bohrschnecke vorgebohrt und dann auf Imlochhammer umgebaut. Da dies sehr aufwendig ist, kommen verschiedene Überlagerungsbohrverfahren zum Einsatz, mit denen in einem Arbeitsgang gebohrt werden kann. Allen ist gemein, dass mit einem inneren und einem äußeren Bohrgestänge gearbeitet wird und je nach System, besondere Kraftdrehköpfe und Bohrgetriebe verwendet werden. Das äußere Bohrgestänge dient als Schutzrohr und wird gleichzeitig mit dem inneren Bohrgestänge, an dem in der Regel das Bohrwerkzeug befestig ist, abgeteuft[52]. Eine Überlagerungsbohrung für geothermische Anwendung kann so aussehen, dass eine Bohranlage mit Doppelkopf, mit innen und äußern Gewindezapfen und Antrieb sowie Doppelabfangschelle mit Brecheinrichtung zum Halten von Innen- und Außengestänge beim Nachsetzen, ausgestattet ist. Das Überlagerungsmaterial wird dann zwischen Außen- und Innengestänge aufgespült oder zur Seite verdrängt und anschließend mit dem Imlochhammer ohne weitere Verrohrung bis auf die angestrebte Tiefe gebohrt. Durch das Mitführen des Außengestänges müssen größere Drehmomente sowie Zug- und Andruckkräfte aufgebracht werden. Um mit diesen Verfahren ähnliche Bohrgeschwindigkeiten zu erreichen, wie beim Drehbohrverfahren in Lockergestein, müssen die Bohranlagen daher weitaus größer dimensioniert sein, woraus Gewichte von 10t bis 15t resultieren.

4.2.5 Probenentnahmen

Die erste Bohrung ist als Aufschlussbohrung zu bezeichnen. Anhand ihrer Ergebnisse erfolgt die Dimensionierung weiterer, wenn größere Erdwärmesondenanlagen mit mehreren Bohrungen geplant sind. Die Bohrproben geben Erkenntnisse über die Lage wasserführender Sand- und Kiesschichten oder über die Lage so genannter Stauer wie Ton-, Mergel- oder Lehmschichten. Die Lage der Stauer ist aus z.B. genehmigungsrechtlichen Gründen und der Trennung von vorhandenen Wasserleitern wichtig. Die Bohrproben sind in der Regel alle 2-3 m und bei Schichtwechsel zu entnehmen und als Haufenproben an der Baustelle auszulegen. Sie sind vor dem Auswaschen durch Regen zu schützen. In der Regel müssen die Bohrproben sichergestellt und dem jeweiligen Landesamt für Geologie mit den Bohrunterlagen sowie geologischen Schichtenverzeichnis nach DIN 4022 und Ausbauzeichnung nach DIN 4023 zugestellt werden. Dieses Verfahren bildet auch die Grundlage für eine räumliche Verdichtung der Informationen für zukünftige Bauvorhaben im Bereich der Geothermie aber auch für die Wassergewinnung und deren Beobachtung. Bei der Probeentnahme gelten die Regeln des DVGW – Merkblattes W 114 [53].

4.2.6 Bohrlochdurchmesser

Der Bohrlochdurchmesser bekommt an dieser Stelle seinen eigenen Gliederungspunkt, weil die Auslegung der Bohranlage die anschließend erfolgt, im Wesentlichen davon abhängt. Der Bohrlochdurchmesser wird zum einen durch den Querschnitt der einzubringenden Sonde bestimmt und zum anderen durch den benötigten Abstand für die Ringraumverfüllung, aber auch von Bohrtiefe, der Geologie und der Bohrtechnik.

Doppel – U – Sonden werden am häufigsten verbaut und sind auch als einzige zugelassen, wenn nach VDI 4640 die erforderliche Sondenlänge bestimmt wird. Die einzelnen Rohrstränge der Sonde haben Größen von DN 20, DN 25 oder DN 32, wobei ab Tiefen über 60 m DN 32 verwendet wird. Die Entwicklung von einfachen U – Sonden zu Doppel – U – Sonde liegt darin begründet, dass die Querschnitte der Bohrungen von Sondenlöchern rund sind und durch Doppel – U – Sonden besser ausge-

---

[52] Vgl.: Urban, D.: Arbeitshilfen für den Brunnenbauer, Kapitel 6.2 Überlagerungsbohrverfahren, S. 248 - 264.
[53] Vgl.: DVGW.: Merkblatt W 114.

füllt werden[54]. Zusätzlich wird ein erhöhter Volumenstrom erreicht, ohne die Durchflussgeschwindigkeit des Wärmeüberträgermediums so zu erhöhen, dass dies überproportional elektrischen Strom des Pumpenbetriebes verbrauchen würde, weil mit dem Ansteigen der Durchflussgeschwindigkeit die hydraulischen Widerstände im Rohr ansteigen. Der Sondentyp XA des Herstellers Raugeo steht zur Verfügung mit Rohrdurchmessern von 25 mm und 32 mm und einem Gesamtdurchmesser von 110 mm. Dieser und der Sondentyp PE100 sind auf der folgenden Seite dargestellt. Die Sonde PE100 variiert im Gesamtdurchmesser in Abhängigkeit von dem Durchmesser der einzelnen Rohrstränge. So weisen die Rohrdurchmesser d = 32 mm und 25 mm einen Gesamtdurchmesser des Sondenfußes D von 84 mm und eine Sonde mit d = 40 mm einen Gesamtdurchmesser D = 104 mm auf[55]. Sonden anderer Hersteller wie beispielsweise SIMONA bieten 32 mm Sonden mit 98 mm Durchmesser des Sondenfußes an[56]. Der Querschnitt des Bohrloches sollte mindestens 1,5 Zoll, umgerechnet also 38,1 mm größer sein als der Ausbaudurchmesser[57]. Für den erforderlichen Bohrlochdurchmesser bedeutet das, Größen von 38,1 + 84 = 122,1 mm bis 38,1 + 110 = 148,1 mm. Andere Quellen geben folgende Faustregel für den Bohrdurchmesser an: Durchmesser Sondenbündel plus 80 mm und damit mindestes ca. 160 mm als Bohrlochdurchmesser[58]. Der Bohrunternehmer ist einerseits in der Pflicht genügend Ringraum zum nachträglichen Verfüllen herzustellen, andererseits wird er versuchen annähernd an den Ausbaudurchmesser der Erdwärmesonde heranzukommen, um wenig Bohrlochmaterial entsorgen und wenig Verfüllmaterial einbauen zu müssen.

54 Vgl.: Loose, P.: Erdwärmenutzung, Sondenformen S. 50.

55 Vgl.: Rehau: Technische Informationen, S. 6 – 7.

56 Vgl.: Dell, P. Geser Erdwärme GmbH & Co. KG: Geser Erdsondenfuß.

57 Vgl.: Schiessl, S.: Ringraumzementation.

58 Vgl.: Landesamt für Umwelt, Naturschutz und Geologie Mecklenburg-Vorpommern: Leitfaden für Erdwärmesonden, Kapitel 5 Anforderungen an Bauausführung und Betrieb von Erdwärmesonden, S. 18.

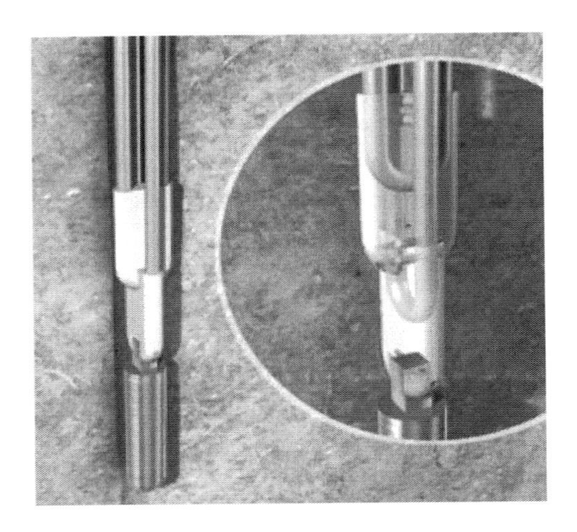

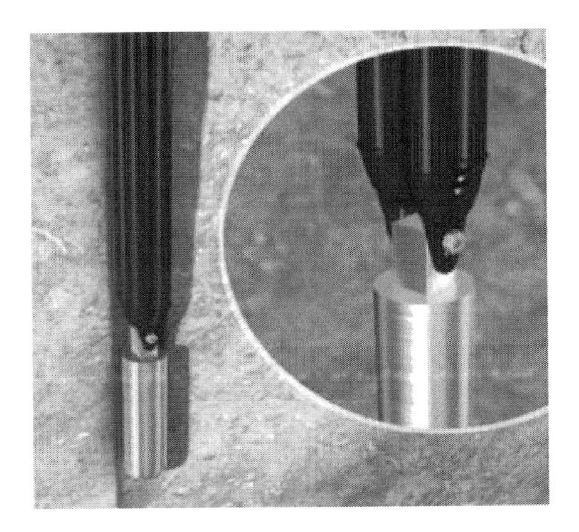

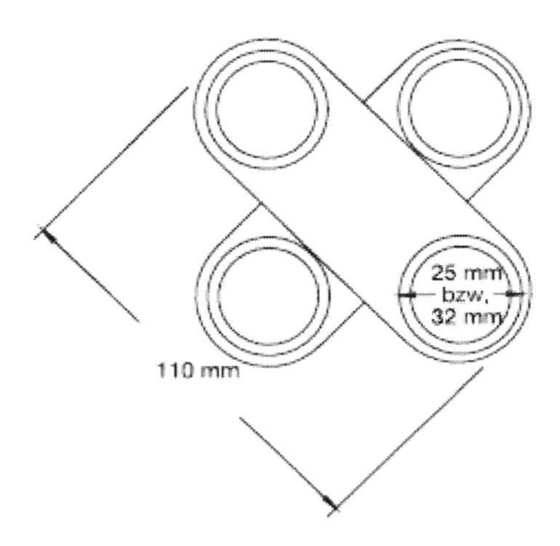

Abb. 37: Doppel – U – Sondenfuß des Herstellers Raugeo Typ XA und Querschnitt.

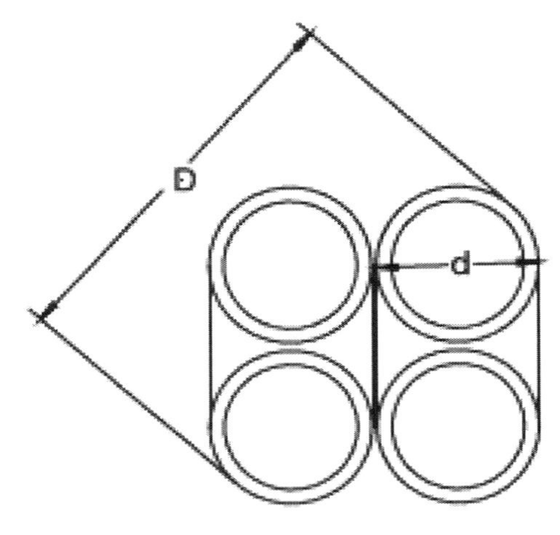

Abb. 38: Doppel – U – Sondefuß des Herstellers Raugeo Typ PE 100 und Querschnitt.

4.2.7 Bohrgeräteausrüstung

An dieser Stelle wird aufgezeigt werden, wie eine Bohranlage zusammengestellt sein sollte, um die bisher beschriebenen Bohraufgaben durchzuführen. In der Vergangenheit kamen häufig Universalbohrgeräte zum Einsatz, die viele verschiedene Bohrtechniken ausführten und dadurch mit Komponenten ausgestattet waren, die eigentlich nur sehr selten genutzt wurden. Heute hingegen werden kleinere Geräte mit einer Grundausstattung verwendet, die mit Beistellaggregaten auf die jeweilige Bohrsituation angepasst werden und somit wirtschaftlicher sind, weil die Bohranlagen damit speziell auf die Aufgaben ausgelegt werden kann. Dadurch sind die heutigen Anlagen leichter, kleiner und beweglicher. Die Hersteller bieten Modulbauweisen an, mit dessen Hilfe sich der Bohrunternehmer die Bohranlagen entsprechend seinen regionalen geologischen Verhältnissen zusammenstellt. Die wesentlichen Bestandteile einer Bohlanlage sind die Aufbauträger, Antriebssysteme, Be-

Abb. 39: Steuerstand, verstellbar

dienelemente, Bohrmast, Drehtisch oder Kraftdrehkopf, Anfangvorrichtung, Winden, Schlagvorrichtungen, Pumpen und Kompressoren.

Als Aufbauträger für Bohranlagen kommen mehrachsige Anhängerfahrgestelle, Geländewagen, Kleinlastwagen, Lkw – Fahrgestelle, Knicklenker, landwirtschaftliche Trägergeräte, Schienenfahrzeuge oder sogar amphibische Spezialfahrzeuge in betracht. Die Bohranlagen für Geothermiebohrungen werden jedoch in der Regel mit *Raupenfahrwerken* angeboten, weil diese meist unter beengten Verhältnissen im Einsatz sind, wo Lkw – Fahrgestelle hinsichtlich ihrer Manövriereigenschaften unpraktikabel wären. Die Ketten der Raupenfahrwerke sollten zudem mit Gummibeschlägen versehen oder komplett aus Gummi sein, um Beschädigungen an Gehwegen zu vermeiden. Zum Ausrichten der Bohranlage und zur Stabilisation beim Bohren sind Abstützungen, wie beispielsweise hydraulische Abstützzylinder notwendig. Die nötige Energie für die Bohrarbeiten wird über Hydraulikanlagen bereitgestellt. Diese werden mit *separaten Aufbaumotoren* betrieben oder auch direkt vom Motor des Trägergerätes. In besonders beengten Fällen und bei Arbeiten in geschlossenen Räumen werden vielfach auch externe Beistellaggregate verwendet. Die *Hydraulikanlage* besteht aus Pumpen, Verteilergetrieben, Ventil - und Steuerblöcken, Regelelemente, Öltank, Ölfilter, Kühlung, Leitungen und den Verrohrungen zu den Verbrauchern wie Hydraulikmotoren und Zylinder. *Steuerstände* und Bedienelemente sind seitlich oder am Heck angebracht und sollten optimale Bedingungen in Bezug auf Sicherheit und Überschaubarkeit des Arbeitsplatzes bieten. Daher sind Steuerstände die ausschwenkbar oder mit zusätzlicher Fernbedienung ausgerüstet sind zu empfehlen, weil der Bohrgeräteführer so das Bohrloch besser beobachten kann. Zur Führung des Bohrgetriebes dienen für die meisten Aufbaubohrgeräte *Bohrmasten*. Dieser wird beansprucht durch die Übertragung von Torsionskräften des drehenden Bohrstrangs, von Andruck, Zugkräften und den Hakenregellasten. Die Hakenregellasten entsprechen dem zu erwartendem Gewicht des Bohrstranges bei voller Länge in einem Trockenenbohrloch. Das heißt, eine Bohranlage für die unter Punkt „4.2.2.2 – Drehbohrverfahren“ beschriebene Bohrtechnik, mit einer Bohrstranglänge von 100 m und einen gewählten Durchmesser von ca. 70 mm und damit ca. 20 kg/m, ergibt sich eine Hakenregellast von 2000 kg oder 20 kN. Die maximale Hakenlast, auch Hakenausnahmelast genannt, dient der Sicherheit und sollte nur bei Komplikationen überschritten werden, wenn der Bohrstrang festsitzt. Neben der Hakenlast ist die freie Arbeitshöhe des Mastes ein weiters Kriterium. Je größer die Arbeitshöhe, desto längere Bohrrohre können nachgesetzt werden und desto schneller ist der Bohrfortschritt. Jedoch ist dabei das Gewicht der Gestängerohre in Bezug auf die Handhabbarkeit zu beachten und begrenzt somit die Länge der Rohre bei manueller Zuführung. Neue Entwicklungen gehen dahin, automatische Rohrzuführungen per Magazin zu ermöglichen, wodurch längere Gestängerohre verwendet und damit die Spielzeit erheblich reduziert werden kann. Die verschiedenen konstruktiven Ausführungen der Vorschubeinrichtungen für den Bohrstrang werden unter-schieden in Kolbenvorschub mit direkt gekoppelten Hydraulik-zylindern, Kettenvorschub mit direktem Vorschub über Ketten, Seil- Windenvorschub, Zahn-räder mit Zahnleisten oder Kombinationen daraus. Im Wesentlichen wird beim Spülbohrverfahren kein großer Andruck benötigt, außer für die ersten Meter, dort wo nicht genügend Andruck durch das Bohrstranggewicht selbst er-zeugt wird. Das Drehmoment bewirkt die Rotation des Bohrkopfs und

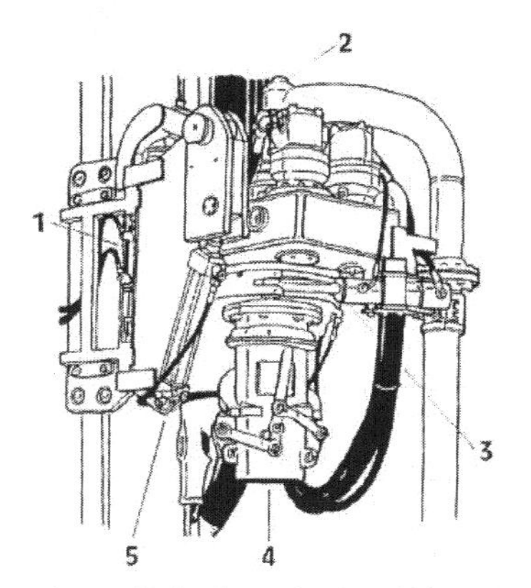

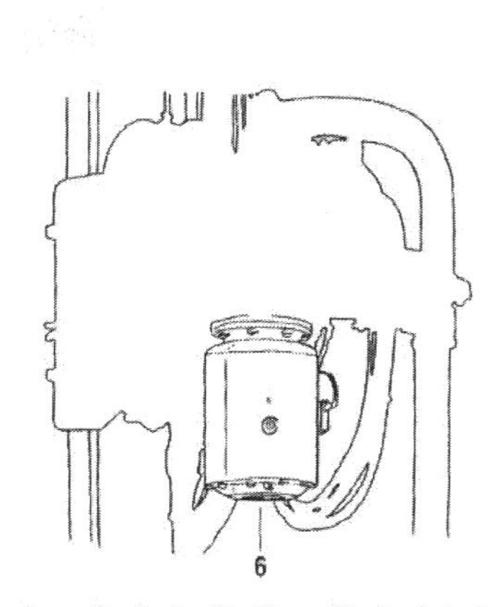

1 Sperrzylinder für die Funktion Schwenken
2 Spülkopf
3 Brechvorrichtung
4 mechanische Gestänge-Wechselglocke
5 Ausklappzylinder
6 hydraulischer Spannkopf

Abb. 40: Spül – Kraftdrehkopf, KDK

wird entweder über *Drehtische* oder *Kraftdrehköpfe* (KDK) erzeugt. Drehtische können höhere Drehmomente aufbringen und finden daher bei großkaliberigen Bohrungen mit indirekter Spülung oder bei Trockenbohrungen zur Überwindung hoher Mantelreibungskräfte Anwendung. Bohrungen mit direkter Spülung benötigen keine hohen Drehmomente, weil der Drehwiderstand nur an der Bohrkrone überwunden werden muss und ansonsten das Gestänge frei hängt. Dafür eignen sich KDK die gleichzeitig zum Drehmoment auch direkt Druck- und Zugkräfte übertragen, das Bohrgestänge halten und führen sowie in Verbindung mit Spülköpfen die Bohrspülung zu- bzw. abführen. Besondere Beanspruchung erhalten KDKs jedoch beim Verschrauben und Brechen der Bohrrohre zum Ein- und Ausbau. Zu dem Zweck ist es möglich kurzfristige, bis zu 25 % höhere Drehmomente zu mobilisieren. KDKs können häufig bis zu einem Winkel von 90° ausklappen, um die Aufnahme von Bohrgestängeteilen zu erleichtern. Beim Nachsetzen und besonders beim Ausbau des Gestänges besteht die Gefahr, dass sich der Bohrstrang unvermittelt löst und im Bohrloch verschwindet. Um dies zu vermeiden, sichert die *Abfangeinrichtung* den Bohrstrang. Die Abfangeinrichtung hält den Bohrstrang, wenn der KDK sich lösen muss, um ein weiteres Rohr aufzunehmen und anzuschließen. Zum Lösen dreht der KDK entgegengesetzt zur Bohrdrehrichtung beim Bohren, fährt mit der Vorschubvorrichtung entlang des Bohrmastes nach oben und nimmt ein weiteres Gestängerohr auf. Für den Ausbau des Bohrstranges wird zusätzlich eine *Brechvorrichtung* oder eine *Gestängewechselglocke* zum Lösen der Schraubverbindungen der einzelnen Gestängeteile erforderlich. Um die Bohrwerkzeuge anzusetzen und aus dem Bohrloch zu entfernen, haben Bohranlagen *Seilwinden* die über die Mastspitze laufen. Die Größe und Art der *Pumpe* richtet sich nach dem Bohrverfahren. Für das direkte Drehbohrverfahren mit Spülung und Bohrlochdurchmesser von 121 mm werden Pumpen benötigt, die ca. 45 m³/h Pumprate aufweisen. Daher eigenen sich besonders Kreiselpumpen, wobei jedoch darauf zu achten ist, dass der Innendurchmesser des Bohrstranges nicht zu klein bemessen wird, da Druckverluste mit der Tiefe zunehmen und dadurch auch die Pumprate sinkt. Neben der Kreiselpumpe würden auch Duplexkolbenpumpen die erforderlichen Fördermengen ohne Druckverluste bereitstellen können. Diese werden meist dann verwendet, wenn große Drücke aber weniger Pumprate erforderlich ist. Beim Drehschlagbohrverfahren sind *Kompressoren* nötig die den Imlochhammer mit bis zu 25 bar anfahren und dabei Luftmengen von ca. 20 m³/min umsetzen, wobei Kompressor und Imlochhammer aufeinander abgestimmt sein müssen. In der Regel werden Kolbenkompressoren verwendet[59].

4.3 Herstellung und Prüfung von Erdwärmesonden

Die Erdwärmesonden bestehen aus langen Sondenrohren und dem Sondenfuß. Unter dem Gliederungspunkt 4.2.5 „Bohrlochdurchmesser" sind Ansicht und Querschnitt einer Sonde dargestellt. Die Bestandteile werden im Werk zusammengefügt und geprüft. Verbindungen und Schweißnähte müssen nach den Regeln des Deutschen Verbandes für Schweißtechnik – DVS verbindlich beachtet werden, insbesondere DVS Richtlinie 2207 und 2208 - Schweißen thermoplastischer Kunststoffe. Der fertige Sondenfuß wird auf Druck und Durchfluss überprüft und darf dabei nicht mehr als 10 mbar Durchflusswiderstand unter dem 1,5 fachen des Nenndruckes vom Rohrmaterial und 1 m/s Strömungsgeschwindigkeit aufweisen. Zu beachten sind dabei die Vorschriften der DIN 4279 – 9 zur Innendruckprüfung von Druckrohrleitungen und die Prüfergebnisse zu dokumentie-

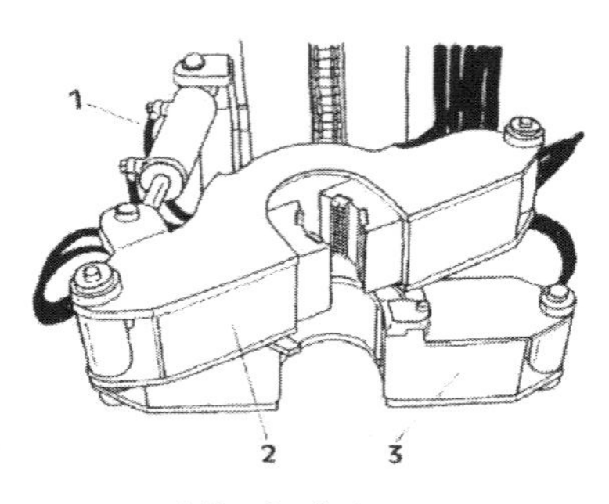

Abb. 41: Abgang- und Brecheinrichtung, offene Bauart

---

[59] Vgl.: Urban, D.: Arbeitshilfen für den Brunnenbauer, Kapitel 2.1 bis 2.10 Bohrgerätekomponenten, S. 16 - 67.

ren[60]. Das verwendete Material muss korrosionssicher und UV – beständig sein. Aus diesem Grund kommen im Wesentlichen Kunststoffrohre zum Einsatz, die sich auch durch hohe Festigkeit und Altersbeständigkeit auszeichnen und für den geplanten Temperaturbereich geeignet sind, beispielsweise High – Density – Polyethylen (HDPE) wie RE 80 oder PE 100 nach DIN 8074 bzw. 8075[61].

4.4 Einbau Erdwärmesonden und Verfüllung des Bohrloches

Die vorgefertigten, geprüften Erdwärmesonden werden aufgerollt auf die Baustelle geliefert, wie die nebenstehende Abbildung verdeutlicht. Bei der Handhabung und besonders beim Einbau ist mit größter Sorgfalt vorzugehen. Der Einbau in mit Bohrspülung gefüllte Bohrlöcher erfolgt in der Weise, dass zuvor die Sonde mit Wasser gefüllt werden muss sowie mit einem Gewicht am Sondenfuß versehen wird. Das eingefüllte Wasser und das Gewicht sind zudem notwendig, um dem Auftrieb durch die Bohrspülung entgegenzuwirken und die Sonde im Bohrloch zu strecken. Wenn das Bohrloch mit einer üblichen Polymerspülung gefüllt ist, die eine Dichte von 1,10 kg/l hat, ergibt sich ein Auftrieb für jene Doppel – U – Sonde mit DN 32 von ca. 32 kg auf 100 m Länge, dem entgegenzuwirken ist. Über eine Umlenkvorrichtung wird die Sonde langsam ins Bohrloch eingeführt und muss dabei vorerst abgebremst und in der Tiefe nachgeschoben werden. Bei einfachen U-Sonden soll allerdings nicht von oben gedrückt, sondern über eine Verlängerung direkt am Fuß der Sonde gezogen werden, damit diese gerade steht und nicht durch Verdrehungen zu sehr an der Bohrlochwand schrammt. Mit der Sonde muss auch gleichzeitig das Injektionsrohr zum Verpressen des Bohrloches eingeführt werden. Damit die Sondenstränge nicht aneinander liegen und zur Stabilisation werden Zentrierstücke eingesetzt, wo hindurch das Injektionsrohr gesteckt wird. Vor dem Verpressen muss die eingesetzte, mit Wasser gefüllte Sonde der Funktionsendprüfung unterzogen werden. Dazu wird ein Prüfdruck von 6 bar angelegt und die Sonde damit 30 min lang vorbelastet. Danach soll der Druck eine Stunde lang nicht um 0,2 bar abfallen. Diese Prüfung ist äußerst wichtig um einen erfolgreichen Betrieb über Jahrzehnte zu sichern. Nachdem die Prüfung durchgeführt wurde, werden die Enden der Sonde mit Kappen und Klebeband verschlossen. Bei Frostgefahr muss die Sonde bis zu 2 m unter Oberkante Gelände entleert werden, damit die Rohre nicht kaputt frieren, bersten oder kleine Haarrisse durch Druck des gefrierenden Wassers entstehen[62].

Abb. 42: Doppel – U – Erdwärmesonde mit werkseitig angeschweißtem Sondenkopf

Abb. 43: Zentrierstück für Rohrstutzen

Die Verfüllung des Ringraumes zwischen Sonde und Bohrlochwand ist besonders wichtig und wird häufig falsch ausgeführt. Die wichtigsten Aufgaben der Verfüllung sind zum einen, dass der Wärmetransport zwischen Erdreich und Sonde optimiert wird und zum anderen, dass das Bohrloch abgedichtet ist, damit kein Schadstoffeintrag von der Oberfläche ins Grundwasser erfolgt und das eventuelle Grundwasserstockwerke getrennt bleiben wie der folgenden Abbildung zu entnehme ist. Bei undichter Bohrlochverfüllung kann Grundwasser, je nach Druckverhältnissen, ins andere Stockwerk geraten und dieses kontaminieren.

---

60 Vgl.: VDI 4640 Blatt 2 : Thermische Nutzung der Untergrundes, 5.2.2 Herstellung und Prüfung von Erdwärmesonden, S. 22 - 23.

61 Vgl.: Kaltschmitt, M.; E. Huenges, H. Wolff (Hrsg.): Energie aus Erdwärme; 3. Oberflächennahe Erdwärmenutzung, S. 66.

62 Vgl.: VDI 4640 Blatt 2: Thermische Nutzung der Untergrundes, 5.2.3 Einbau Erdwärmesonden und Verfüllung, S. 23 - 25.

Im Zuge des Grundwasserschutzes und der in Zukunft weltweit stark ansteigenden Nachfrage nach Trinkwasser, ist dieser Punkt im Sinne der Nachhaltigkeit besonders zu beachten[63]. Verhindert werden soll vor allem, dass Trinkwasserleiter mit versalzten Grundwasserleitern hydraulisch verbunden werden. Das Einbringen des Verfüllmaterials erfolgt im Kontraktorverfahren, wobei das Verfüllmaterial die im Bohrloch befindliche Spülung verdrängt. Während des Verpressen wird das Injektionsrohr Stück für Stück gezogen, wobei darauf geachtet werden muss, dass der Auslauf immer unterhalb des aktuellen Füllstandes bleibt, damit Lufteinschlüsse die den Wärmetransport vermindern würden, vermieden werden für eine vollständige, lückenlose Verfüllung. Bei Bohrungen mit fluiden Spülungen, die mit Betonitzusätzen versehen sind, bilden sich an der Bohrlochwand Filterkuchen aus. Beim Verfüllen können diese erhalten bleiben, woraus sich im Nachhinein Wegigkeiten für Wasser ergeben. Daher sollte beim Verfüllen eine turbulente Aufstiegsgeschwindigkeit erzielt werden, um dem Gelieren der Bohrspülung entgegenzuwirken[64]. Zum Einbau des Verpressmaterials kommen Chargenmischer und Verpresspumpen zum Einsatz. Als Verfüllmaterial werden Suspensionen aus Bentonit, Hochofenzement, Wasser und Sand verwendet. Die Zugabe von Quarzsand erhöht die Wärmeleitfähigkeit und Zement fördert die Temperaturbeständigkeit. Übliche Mischverhältnisse sind dabei ca. 10 Gewichtsprozent Zement, 10 % Bentonit, 30 % Sand und Wasser. Ebenso finden industriell vorgefertigte Dämmer aus Bentonit und Zement, die der Bohrspülung zugegeben werden, Anwendung. Ausnahmen von dieser Prozedur können zugelassen werden, wenn die Sonden nicht tiefer als 50 m eingebracht sind und nur ein Grundwasserleiter durchteuft wurde. Dann darf mit Feinkies oder mit dem Bohrgut selbst, falls dieses feinkörnig genug ist, eingeschlämmt werden. Jedoch muss dann zur Oberfläche hin, eine Tonabdichtung eingebracht und mit niedrigeren Entzugleitungen der Wärmesonde gerechnet werden.

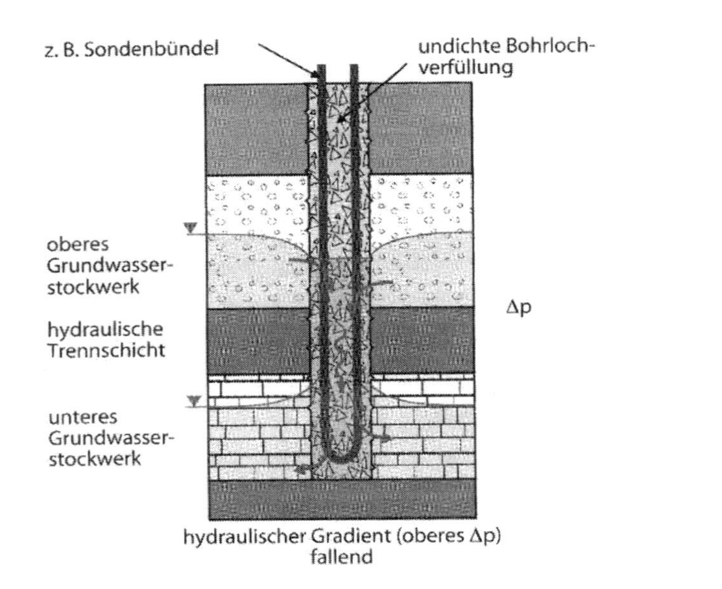

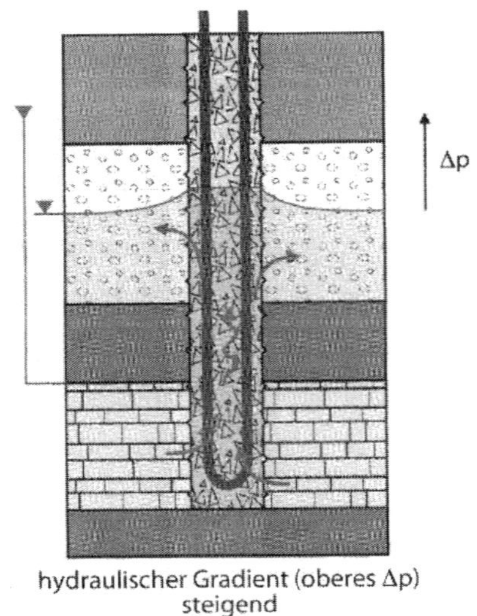

Abb. 44: Hydraulische Kurzschlüsse und deren Auswirkungen.

[63] Vgl.: Offenhäuser, D.; Kurt Schlünkes (Hrsg.), UNESCO heute online: Facts & Figures.

[64] Vgl.: Schiessl, S.: Ringraumzementation.

4.5 Verlegen der Leitungen, Druckabsicherung, Füllen, Entlüften und Inbetriebnahme

Abb. 45: Hosenrohr

Abb. 47: Mauerdichtring

Nach dem Verfüllen des Bohrloches müssen die Erdwärmesondenrohre zum Verteiler geführt, um dann mit der Wärmepumpe verbunden zu werden. Die einzelnen U – Sondenstränge werden parallel geschaltet und über Ventile so reguliert, dass jeder Strang den gleichen Durchflusswiderstand aufweist. Über Hosenrohre werden die jeweiligen Vor- und Rückläufe am Bohrlochende zusammengeführt, so dass weniger Leitung verlegt werden muss. Am höchsten Punkt der Anlage sollten Verteiler und entsprechende Entlüftungseinrichtungen vorgesehen werden. Die Sondenleitungen sind frostfrei, ca. 1,20 – 1,50 m tief in einer Kiesschicht zu verlegen, zum Haus zu führen und durch Mauerdurchführungen an die Wärmepumpe anzuschließen[65]. Aufgrund der Temperaturänderung durch die Nutzung zwischen Sommer und Winter oder nach längerer Standzeit, treten Volumenänderungen des Wärmeträgermediums auf die kompensiert werden müssen. Dazu können Membran-ausdehnungsgefäße nach DIN 4807 verwendet werden. Zur Drucküberwachung werden Manometer eingebaut und empfohlen Lecküberwachungssyteme mit Signalmechanismen vorzusehen[66]. Als Wärmeträgermedium werden Gemische aus Wasser und Frostschutz-mittel verwendet. Das Mischverhältnis sollte dann so gewählt werden, dass zur Sicherheit ein Frostschutz von bis zu 7 Kelvin unter der minimalen Verdampfertemperatur der Wärmepumpe liegt. Um ein absolut luftfreies Rohrsystem zu erhalten, damit der Durchflusswiderstand so gering wie möglich ist und dadurch die Antriebsenergie der Zirkulationspumpe zu minimieren, müssen die Erdwärmesonden über offene Gefäße gespült werden. Vor der Inbetriebnahme ist die Funktion aller Bauteile zu überprüfen sowie der gleichmäßige Durchfluss der einzelnen Sonden und eine letzte Druckprobe mit dem 1,5 fachen des Betriebsdruckes durchzuführen und eine Prüfbescheinigung zu übergeben[67].

5 baubetriebliche Durchführung

Die verfahrenstechnischen Aspekte zum Erstellen der Bohrung sowie das Einsetzten und in Betriebnehmen der Erdwärmesondenanlage wurde in Kapitel 4 dargelegt, so dass auf derer Grundlage nun die baubetriebliche Durchführung erläutert werden kann, um dann in Kapitel 6 bauwirtschaftliche und betriebswirtschaftliche Berechnungen durchzuführen. Dazu soll im Folgendem erläutert werden, welche technische Ausrüstung, Verbaumaterialien und Arbeitskräften für die Aufgaben des ausführenden Unternehmens benötig werden.

Um konkrete Maschinenspezifikationen vorzunehmen und entsprechend die Ausrüstung auszulegen, wird zunächst der Standardfall einer Bohrung dargestellt. Im Wesentlichen ist die Bohrausrüstung

[65] Vgl.: VDI 4640 Blatt 2: Thermische Nutzung der Untergrundes, 5.2.4 Verlegen der Leitungen, S. 27.

[66] Vgl.: VDI 4640 Blatt 2: Thermische Nutzung der Untergrundes, 5.2.5 Druckabsicherung, S. 27 - 28.

[67] Vgl.: VDI 4640 Blatt 2: Thermische Nutzung der Untergrundes, 5.2.6/7, Füllen und Entlüften/ Inbetriebnahme S. 28.

abhängig von der regionalen Geologie. So finden in Mittel- und Süddeutschland vorwiegend Imlochhammerbohrungen und Überlagerungsbohrungen statt, weil dort bei Tiefen bis 100 m Festgestein zu erwarten ist. Zudem ist bei Überlagerungsbohrungen, durch die mitzuführende Verrohrung des Bohrloches im Bereich der Überlagerung, erheblich größer dimensionierte Bohrtechnik notwendig, als im norddeutschen Raum. Das Norddeutsch geologisches Profil zeichnet sich durch Lockergesteinsformationen aus und kann mittels Drehbohrverfahren und fluider Spülung mit geringerem Aufwand durchteuft werden.

In Punkt 5.1 wird zunächst ein Standardfall einer Erdwärmesondenanlage definiert. Anhand dessen erfolgt unter Punkt 5.2 die Auslegung einer geeigneten Bohranlage sowie die Bestimmung der notwendigen Transportgerätschaften, Baustelleneinrichtung und Verbaumaterialen. Punkt 5.3 gilt der Beschreibung des Bauablaufes zur Erstellung der definierten Erdwärmesondenanlage, zu der im Anschluss unter Punkt 5.4 und 5.5 der Arbeitskräftebedarf und die Arbeitgeschwindigkeit abgeschätzt wird. Aus den Vorgaben erschließt sich der Bauzeitenplan im letzten Punkt dieses Abschnittes, auf dessen Grundlage im 6. Kapitel die bauwirtschaftlichen Berechnungen durchgeführt werden.

5.1 Standardfall für die weitere Auslegung

Als Grundlage wird angenommen, dass das Unternehmen im norddeutschen Raum agieren wird. Der Untergrund besteht aus verschiedenen Böden und Lockergestein der Bodenklassen 1 – 4 nach DIN 18300. Im oberen Bereich befinden sich weiche Böden und mit zunehmender Tiefe härtere. Ablauftechnisch wird zuerst ein ca. 3 m langes Standrohr eingebracht, durch das die weitere Bohrung im Spülbohrverfahren, laut Kapitel 4.2.2.2 – Drehbohrverfahren mit fluider Spülung, erfolgt. Der Durchmesser der Bohrung wird wie nach Kapitel 4.2.6 – Bohrlochdurchmesser 160 mm betragen, in die Doppel – U – Sonden mit DN 32 eingesetzt werden. Das Einfamilienhaus weist einen Jahresheizwärmebedarf von 24000 kWh/a und damit eine erforderliche Heizleistung von 10 kW auf. Die Auslegung nach Kapitel 3.4.1 ergibt Folgendes: Für 2400 Betriebstunden pro Jahr und einer Jahresarbeitszahl von 4 der Wärmepumpe muss die Erdwärmesonde eine Leistung von 7,5 kW bereitstellen (auch als Kälteleistung bezeichnet). Wenn der Untergrund eine durchschnittliche Entzugsleistung von 50 W/m aufweist, dann ergibt sich eine benötigte Länge von ca. 150 m. Da in der Regel die ersten 10 m des Untergrundes nicht zur Berechnung mit herangezogen werden und die Erdsonden hier länger als 100 m ist, werden zwei Sonden mit jeweils 80 m Tiefe zur Ausführung kommen, die in einem Abstand von mindestens 6 m zueinander eingebracht werden. Beim Einfamilienhaus ist der Rohbau abgeschlossen, so dass nur noch die Ausbaugewerke tätig sind und genügend Baufreiheit vorhanden ist sowie Wasser und Strom zur Verfügung stehen.

5.2 Bohrausrüstung

Grundsätzlich gilt, dass jedes Bohrgerät anders ist und immer auf die jeweilige regionale Geologie zugeschnitten wurde oder werden muss. Daher ist auch bei gebrauchten Bohranlagen darauf zu achten, dass das Gesamtkonzept und die Abstimmung der Anlagenteile zu den regionalen Besonderheiten passt. Die Spezifikationen der Anlagenbestandteile wurden bereits in Kapitel 4.2.7 dargelegt. Für die nun konkretisierten Anforderungen des Standardfalls, sollte die Anlage folgendermaßen ausgelegt sein.

Abb. 48: kleines kompaktes Bohrgerät WD – 90 der Fa. Wellco Drill, mit eingeklappten Bohrmast. Vorschub, Zugkraft 50 kN Kraftdrehkopf: Drehmoment 12.000 Nm, Seilwinde: Zugkraft 20 kN Drehtisch: für Bohrrohre max. 273 mm, Kreiselpumpe: 1050 l/min. 8 bar, Antriebsmotor: 48 kW bis 97 kW, Raupenfahrwerk: 950 - 1450 mm oder 1300 - 1800 mm.

Die Abbildungen 48 und 49 zeigen Bohrgeräte die den Anforderungen entsprechen für Geothermiebohrungen konzipiert sind.

Das Trägerfahrzeug, auch als Aufbauträger bezeichnet, sollte mit Raupenketten und Gummibeschlag ausgestattet sein, wie es eigentlich auch von den meisten Herstellern angeboten wird. Ein weiteres Kriterium stellt die Spurbreite dar. Viele Raupenfahrwerke von Bohranlagen, die für oberflächennahe Geothermie ausgelegt sind, haben teleskopierbare Spurweiten von ca. 780 -1200 mm bei kleineren wie hier in diesem Fall und bei größeren ca. 1400 – 1850 mm. Mit ausgefahrenem Fahrwerk weisen die Bohrgeräte eine bessere Standfestigkeit und mit eingefahrenem Fahrwerk kann es unter beengten Verhältnissen besser positioniert werden. Als Antriebssystem werden meist Dieselmotoren von 40 bis 90 kW angeboten, wobei für diesen Fall die Hersteller sicherlich die geringeren Leistungsvarianten anbieten würden. Der Bohrmast muss zwecks Transport einklappbar sein und gegebenenfalls teleskopierbar. Übliche Längen sind um die vier Meter, damit zum Beispiel Gestängelängen von zwei Metern verwendet werden könnten. Wobei zu beachten ist, dass ein Meter Gestänge mit 3½ Zoll (88,9 mm) ca. 20 kg pro Meter wiegen kann und damit bei zwei Meter langen Rohren mit 40 kg Gewicht, die Grenze der körperlichen Belastbarkeit schon überschritten ist, wenn nur eine Person das Rohr nachsetzen soll. Allerdings gibt es auch Gestängevarianten nach Werksnorm, die leichter ausgeführt sind und somit auch 3 m lange Gestängerohre verwendbar wären.

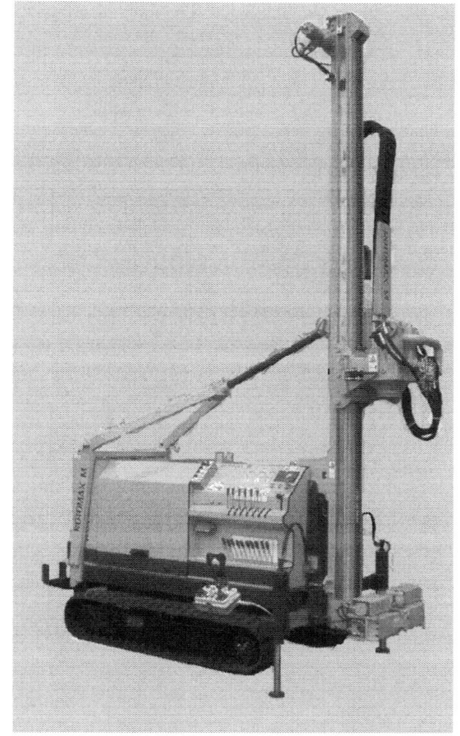

Abb. 49: kleines Bohrgerät Rotomax M der Fa. Geotec. Spezifikationen: Vorschub/ Zugkraft 30 kN; Kraftdrehkopf: Drehmoment 8500 Nm; Seilwinde: Zugkraft 12 kN; Kreiselpumpe: 1200 l/min. 8 bar; Antriebsmotor: 37 kW; Raupenfahrwerk: 780 – 1200mm; optionaler Verrohrungsdrehtisch: mit 150 kN Rückzugkraft und Hubweg: 300 mm, Drehmoment: 10 kNm, Durchgang: max. 219 mm.

Dies würde dann jedoch auch wieder einen längeren Bohrmast erfordern. Das wichtigste Kriterium an einen Bohrmast ist der Hub, also die Rückzugkraft. Theoretisch sollte mindestens so viel Rückzugkraft aufgebracht werden können, dass der Bohrstrang aus 100 m Tiefe gehoben werden kann, also mindestens 20 kN. Die Bohranlagenhersteller geben aber prinzipiell genügend Aufschlag, so dass mindestens 30 kN Zugkraft als Spitzenlast vorhanden sein sollten. Der erreichbare Andruck des Bohrgerätes ist meist so groß wie die Zugkraft. Für einen schnelleren Bohrvortrieb ist natürlich ein höherer Andruck vorteilhaft. Für die zu erwartenden weichen Böden in den ersten Tiefenmetern sollte der minimale Andruck für Flügelmeißel mit 160 mm Durchmesser ca. 24 kN betragen. Mit zunehmender Tiefe und fester werdenden Untergrund, kann das Bohrstranggewicht mit angesetzt werden, wodurch wiederum genügend Andruck erreicht würde. Der Kraftdrehkopf benötigt nicht übermäßig viel Drehmoment, außer zum Brechen der Gestängeverbindungen, wenn keine gesonderte Brecheinrichtung vorgesehen ist. In der Regel weisen die Kraftdrehköpfe Drehmomente von ca. 9000 Nm auf. Des Weiteren sollten die Kraftdrehköpfe schwenkbar sein, sowie über hydraulische Brecheinrichtungen mit Gestängeglocken verfügen. Drehtische sind für den hier dargestellten Standartfall für reine Geothermiebohrungen nicht nötig. Als nächsten wichtigen Punkt ist die Pumpe zu zählen, die wie bereits erwähnt, auf den Bohrlochdurchmesser, den Gestängedurchmesser, der Bohrlochtiefe und der Aufstiegsgeschwindigkeit abgestimmt werden muss. Ideal wäre eine Pumpe mit einer Pumprate von 1200 l/min für Bohrlochdurchmesser von 160 mm und Gestängegrößen von 3½ Zoll. Die sich daraus ergebende Aufstiegsgeschwindigkeit der Bohrspülung würde 1,2 m/s betragen und somit einen schnellen Bohrfortschritt ermöglichen, da die Nachspülzeit beim Gestängenachsetzten sich verkürzen würde. Die zu erwartenden Druckverluste im Gestänge würden ca. 8 bar betragen, so dass hierfür Kreiselpumpen am geeignetsten erscheinen. Eine Abfangeinrichtung zum Gestängeausbau muss ebenfalls vorhanden sein sowie eine Seilwinde zum Ein- und Ausbau des Bohrwerkzeuges. Das Gesamtgewicht der Kleinbohrgeräte reicht von 3 t bis 5 t. Diese können leicht, ohne schwere Transportfahrzeuge wie Tieflader oder Mobilkrane umgesetzt werden. Wie bereits erwähnt, würde ein Flügelmeißel mit ca. 160 mm Durchmesser (6½") zum Einsatz kommen und ein Gestänge mit ca. 90 mm Durchmesser. Bohrstrang, Bohrwerkzeug sowie Aufbewahrungsbehältnis werden zusammen ca. 2,5 t wiegen, Verpressmaterial und Verpressgerät ca. 5 t. Hinzu kommt das Sedimentationssystem für die Bohrspülung, das je nach Ausführung ebenfalls bis zu 1 t in Anspruch nehmen kann. Insgesamt ist daher mit einen Gesamtgewicht der Bohreinrichtung von bis zu 14 t, für den genannten Standardfall, zu rechnen. Für den Transport der Bohranlage von Baustelle zu Baustelle, eignen sich kleinere Anhänger wie in Abbildung 50 dargestellt.

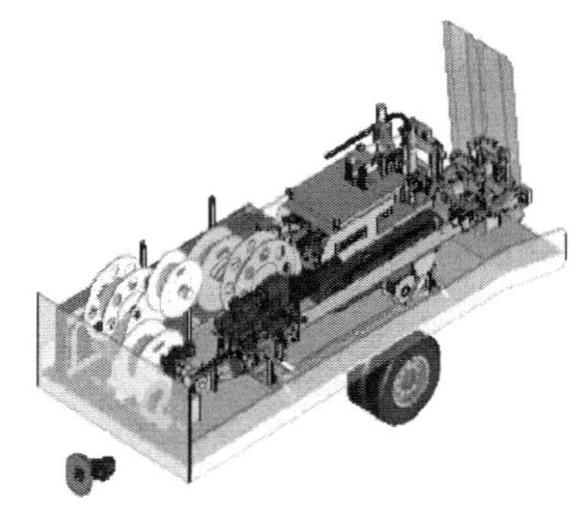

Abb. 50: Anhänger mit eingeklappten Kleinbohrgerät IMD – 1 CP der Fa. Interac.

Als Zugmaschine sollte ein Lkw zum Einsatz kommen, der über einen Ladekran verfügt, um die Gestängemagazine sowie Verbaumaterialien auf- und abzuladen. Möglich sind auch Kleintransporter die per Hand be- und entladen werden, aber direkt neben der Bohranlage abgestellt werden können. Vielfach werden Komplettlösungen angeboten, wobei die Hydraulikanlage des Lkw für die Bohranlage mitgenutzt wird, dann jedoch der LKW während der Bohrarbeiten gebunden ist und dadurch zusätzliche Kosten verursacht. Da das Sedimentationssystem meist aus einem Spülteich besteht, der erstellt und anschließend ausgebaggert werden muss, ist es nötig, einen Minibagger vorzuhalten, der zudem auch dazu verwendet werden kann die Gräben der Leitungen von der Sonde zum Haus zu erstellen. Die Verbaumaterialien setzen sich aus der Sonde, Leitungen, Verbindungen, Ventilen, und Verteilern zusammen sowie aus dem Verpressmaterial. In diesem Fall wären das also zwei mal 80 m Sonde mit Sondenfuß. Alle 1,5 bis 2 m sollten Abstandhalter vorgesehen werden, so ergibt sich für einen Abstand von 1,75 m eine Anzahl von ca. 90 Stück. Außerdem werden noch Hosenrohre, einige

Schweißmuffen, Trassenwarnband, Durchflussregler, Futterrohr und Mauerdichtring zur Abdichtung der Hauseinführung benötigt. Zum Verpressen wird ca. 4 m³ Verfüllmaterial benötigt, wobei je nachdem wie stark sich Hohlräume und Auskolkungen im Bohrloch gebildet haben, wesentlich mehr Material nötig sein kann. Zudem kommen noch ca. 165 m Verpressschlauch, der eventuell im Bohrloch verbleibt, wenn er nicht gezogen werden kann.

5.3 Bauablauf

Der Ablauf zum Erstellen einer Erdwärmesondenanlage, unter den im Standardfall unter Punkt 5.1. gegebenen geologischen Verhältnissen und mit der soeben beschriebenen Bohranlage sollte folgendermaßen sein. Vorausgesetzt, alle Genehmigungen wurden erteilt und der Bohrauftrag bestätigt. Die Baustelleneinrichtung besteht damit aus der Spülbohranlage, Gestängemagazin, Bohrköpfe mit Zubehör, Sedimentationssystem und Mischgerät zum Ansetzen der Bohrspülung, Verpresseinheit mit Mischer und Verpresspumpe zur Ringraumverfüllung, Standrohr, Notstromaggregat, vorgeschriebene WC – Einheit, Wasser und Baustromanschluss, Absperrzäune, Gaswarngerät und Warnschilder. Insgesamt ergibt sich daraus ein Platzbedarf von ca. 100 m² für die Baustelleneinrichtung. Die Bohrung geht dann so vonstatten, dass die Kreiselpumpe der Bohranlage die Bohrspülung aus dem Sedimentationssystem saugt und über den Kraftdrehkopf am Bohrmast und dann durchs Gestänge bis zum Spülkopf und Meißel zur Bohrlochsohle drückt. Von dem am drehenden Bohrgestänge angebrachtem Stufenmeißel wird das Bohrgut an der Bohrlochsohle gelöst und mit dem Spülstrom im Ringraum zwischen Gestänge und Bohrlochwand zu Tage gefördert. Dabei ist eine Spülstromgeschwindigkeit von v = 1 m/s, mit der die Spülung aufsteigt, anzupeilen. In dem Sedimentationssystem, beispielsweise eine der Spülgrube, reduziert sich die Geschwindigkeit der Spülung auf einen Bruchteil, so dass die geförderten Bodenanteile zu Boden sinken und sich ablagern. Die Bohrspülung wird erneut angesaugt und über das Bohrgestänge wieder zum Meißel gepumpt. Das Nachsetzten der Gestängerohre erfolgt in der Weise, dass der Bohrgeräteführer, nachdem er soweit wie möglich gebohrt hat, erst so lange nachspült, bis kein Bohrklein mehr ausgetragen wird. Dann mit der Abfangvorrichtung den Bohrstrang fixiert, dem Kraftdrehkopf lose dreht, am Mast nach oben fährt und dabei den Kraftdrehkopf so weit ausklappt, dass ein weiteres Gestängerohr zugeführt werden kann. Der Kraftdrehkopf klappt wieder nach unten und verschraubt das Gestängerohr mit dem fixierten Bohrstrang. Am Bohrlochmund entnimmt der Bohrgeräteführer in einer Fangvorrichtung Bodenproben, zur Erstellung eines Bodenprofils und zur Überprüfung, ob der erwartete Boden mit seiner entsprechenden Wärmeleitfähigkeit, wonach die Länge der Erdwärmesonde bestimmt wurde, auch tatsächlich ansteht, oder ob gegebenenfalls eine erneute Auslegung erforderlich ist. Der erfahrene Bohrgeräteführer kann anhand der angewandten Drehkraft, des Spülungsdrucks, dem angewandten Vorschub und Spülungsverlust erkennen, ob er derzeit in bindigen oder sandigen Schichten bohrt. Sollten während der Bohrung Hindernisse auftreten, so werden diese mit den geeigneten Werkzeugen wie z. B einem Rollenmeißel oder einem Nachräumer beseitigt. Die Bohrung wird in diesem Fall mit einer aus Wasser und CMC bestehenden Bohrspülung abgeteuft. Beim Ausbau des Bohrstranges hält die Abfangvorrichtung den jeweiligen Bohrstrang fest, damit sich zunächst der Kraftdrehkopf lösen kann. Der weitere Ausbau erfolgt mithilfe der Gestängewechselglocke, indem das Gestänge in der Glocke verkeilt und gehalten wird. Die Abfangvorrichtung hält den Bohrstrang fest, damit dieser nicht ins Bohrloch fällt. Über die Glocke wird das Drehmoment zum Lösen der Gestängerohre übertragen. Anschließend können die Gestängerohre durch lösen der Verkeilung einfach entnommen werden. Eine geologische Betreuung der Bohrungen durch ein Fachbüro oder das Landesamt kann erforderlich werden, wenn die erwarteten Bodenschichten nicht angetroffen wurden, oder Wasserschutzgebiete bzw. bergrechtliche Aspekte berücksichtigt werden müssen. Neben dem Bodenprofil müssen Spülungsdruck, Spülungsdichte und Vorkommnisse beim Bohrvorgang aufgezeichnet werden. Nach dem Abteufen der Bohrung wird mittels Auslotung und einer Kalibermessung festgestellt, ob die Sonde einzubauen geht, oder eventuell nachgebohrt werden muss. Nun kann die Erdwärmesonde in die Bohrung eingeführt werden, wobei zu beachten ist, dass das Verpressrohr mitgeführt wird sowie auseichend Abstandhalter eingesetzt werden. Die Sonde wurde zum Einbau mit Wasser gefüllt und mit einem Gewicht am Sondenkopf versehen, um diese gerade und strammgezogen einzuführen. Anschließend wird das Verpressrohr an die Verpresspumpe angeschlossen und das Verpressmaterial unter Druck in den Ringraum gepresst. Dabei wird die vorhandene Spülung aus dem Bohrloch nach oben verdrängt. Nach dem Abbinden des Verpressmaterials und dem Verlegen der Sondenrohre bis ins Haus zur Übergabestation, muss die Erdwärmesonde einer Druckprüfung mit dem in ihr vorhandenen Wasser unterzogen werden. Dann wird diese mit Kältemittel befüllt und erneut einer Druckprobe unterzogen. Das Bohrgut und die Bohrspülung sind entsprechend zu entsorgen und die Erdwärmesondenanlage dem Auftraggeber zu übergeben.

5.4 Arbeitskräftebedarf und Qualifizierung

Zum Bedienen der Bohranlage wird eine Arbeitskraft benötigt, welche die Qualifizierung eines Bohrgeräteführers nachweisen kann. Lehrgänge dazu werden beispielsweise in den Ausbildungszentrum Rostrup und Friesack angeboten. Voraussetzung zur Teilnahme, war bisher eine sechsjährige Tätigkeit in einem Brunnenbauunternehmen oder zweijährig bei abgeschlossener Brunnenbauerausbildung. Für Quereinsteiger wurden je nach fachlicher Kompetenz und Erfahrung Ausnahmen zugelassen. Da nun jedoch mit steigender Nachfrage für Erdwärmesonden nicht genügend Arbeitskräfte zur Verfügung stehen und die DIN 4021 von der DIN EN ISO 22475 abgelöst wurde, werden neue, spezielle Lehrgänge angeboten, deren Lehrplan allerdings zurzeit erarbeitet wird. Im Ergebnis soll unterschieden werden in Ausbildungen zum Erstellen von Bohrungen für Erdwärmesonden, in Brunnenbohrungen und Aufschlussbohrung. Die Berechtigung zum Erstellen von Erdwärmesondenanlagen soll dahingehend einfacher zu bekommen sein. Des Weiteren wird noch eine Arbeitskraft benötigt, die Hilfsarbeiten ausführt, während der Bohrgeräteführer die Bohranlage bedient. Eine Person sollte zudem einen Lkw Führerschein vorweisen können, um die schwereren Transportgeräte führen zu dürfen. Im Ergebnis kann festgehalten werden, dass mindestens zwei Arbeitkräfte benötigt werden.

5.5 Bohrgeschwindigkeit

Die Bohrgeschwindigkeit ist sehr schwer im Vorfeld abzuschätzen, da diese von vielen Faktoren abhängt. Zum einen von der Beschaffenheit des Untergrundes und der Mächtigkeit der verschiedenen Schichten in Abhängigkeit von dem Bohrverfahren und dem Bohrwerkzeug. Je nach Festigkeit der Bodenschichten variiert die Bohrgeschwindigkeit, aber auch nach Art des Bohrmeißels. So erreichen Flügelmeißel in weichen Böden eine höhere Vertriebsgeschwindigkeit als Rollenmeißel, analog verhält es sich in harten Böden, wo Rollenmeißel schneller sind. Häufig werden mehrere Schichten mit unterschiedlichen Festigkeiten während einer Bohrung durchteuft und weil man nicht ohne weiteres den Bohrmeißel wechseln kann, um immer den Passenden zu verwenden, kommt es auch auf die Erfahrung an, welcher Meißel sich für eine bestimmte Region bewährt hat.

Für den Standardfall wurde festgelegt, im Spülbohrverfahren mit fluider Spülung und Flügelmeißel vorzugehen, weil dieser Meißel nicht nur Böden, sondern auch weiches Gestein durchteufen kann, aber größtenteils mitteldicht gelagerter Boden ansteht. Wesentlich bestimmt wird die Bohrgeschwindigkeit, durch die Dauer des Nachsetzens und des Nachspülens davor. In Kapitel 4.2.2.2 „Drehbohrverfahren“ wurde dies bereits erwähnt. Die hier angezielte Aufstiegsgeschwindigkeit der Spülung von 1 m/s bewirkt einen Aufstieg des Bohrkleins mit 10 mm Durchmesser von 0,45 m/s, weil es selbst in der aufsteigenden Spülung absinkt. Umso tiefer gebohrt wird, desto länger muss nachgespült werden, damit beim Unterbrechen des Bohrvorganges das Bohrklein nicht absinkt und dadurch den Bohrkopf festsetzen würde. Beim Gestängenachsetzen in 80 m tiefe wäre somit eine Nachspüldauer von 80 m / 0,45 m/s = 177,78 s, also fast von fast 3 min, von Nöten. Kumuliert ergib sich, beim Nachsetzen von 1 m langen Gestängerohren, eine Gesamtdauer von ca. 3 h für eine 100 m tiefe Bohrung. Werden 3 m lange Gestängerohre verwendet, ergibt sich nur 1 h Gesamtnachspüldauer. Hinzu kommt, dass dadurch nicht mehr einhundert 1 m Rohre zum Ein- und Ausbau angefasst werden müssen, sondern nur noch 33 Rohre mit 3 m Länge, womit wiederum ca. 1 h eingespart wird. Das Bohren selbst, also dann wenn das Bohrwerkzeug gerade Boden abbaut, dauert je nach anstehenden Boden mindestens 1,5 Minuten pro Meter, kann aber auch weit aus längere Zeit in Anspruch nehmen. Wenn im Mittel mit 2,5 min/m gerechnet werden würde, ergebe sich für die Standardfallbohrung von 80 m Tiefe, ca. 3.5 h Bohrzeit. Hinzu werden 1 h zum Nachspülen für 3 m lange Gestänge und 1 h zum Nachsetzen benötigt, was in der Summe ca. 5½ h für die Bohrung ergibt. Parallel dazu sollte bereits die erste Druckprüfung an der einzubauenden Erdwärmesonde erfolgt sein, damit diese zügig eingeführt und verpresst werden kann sowie Bohrproben entnommen werden. Somit ist für eine 80 m Tiefe Bohrung mit Sondeneinbau und Verpressen mindestens ein 8 Stundentag mit zwei Arbeitskräften anzusetzen.

5.6 Bauzeitenplan

In der Regel wird ein Tag zum Vorbereiten und Herrichten der Baustelle benötigt. Diese Zeit beinhaltet die Anfahrt mit Bohranlage, Einrichten der Baustelle, Spülteich ausbaggern oder Sedimentationssystem aufstellen, Bohrgerät positionieren und Standrohr setzten sowie Leitungsgräben herstellen. Der Bohrvorgang selbst dauert je Bohrung ebenfalls einen Arbeitstag, also sind für den Standardfall mit zwei Bohrungen ebenfalls 2 Tage einzuplanen. Die Nacharbeiten inklusive entsorgen des Bohrgutes, anschließen und verlegen der Leitungen, Druckprüfungen, umsetzen der Bohrgeräte sowie Reparatur und Wartung benötigen ebenfalls zwei Tage, so dass insgesamt eine Woche mit ca. 40 h und zwei Arbeitskräften benötigt werden. In folgendem Ablaufplan sind die einzelnen Arbeitschritte den Arbeitstagen zugeordnet. Jede Woche wird somit von einem Bohrgeräteführer und einem Hilfsarbeiter eine Baustelle fertig gestellt, an der zwei Bohrungen zu erstellen sind.

einfacher Ablaufplan mit 1. Baustelle pro Woche
und einem Hilfsarbeiter

Arbeitskraft:		
	A	Bohrgeräteführer
	B	Hilfsarbeiter

Baustelle/ Arbeiten	Tage: Mon.	Die.	Mit.	Don.	Frei.	Mon.	Die.	Mit.	Don.	Frei.
1. Baustelle										
Herrichten	A/B									
Bohren		A/B								
Bohren			A/B							
Nacharbeiten				A/B						
Nacharbeiten					A/B					
2. Baustelle										
Herrichten						A/B				
Bohren							A/B			
Bohren								A/B		
Nacharbeiten									A/B	
Nacharbeiten										A/B

Dabei ist anzumerken, dass die Bohranlage nur zweimal die Woche im Einsatz ist, wodurch das Unternehmen möglicherweise nicht kostendeckend arbeitet. Wirtschaftlicher wäre es, wie der nächsten Tabelle zu entnehmen ist, wenn die Bohranlage jeden Tag im Einsatz ist. Dazu würden zwei Hilfsarbeiter benötigt, die jeweils eine Baustelle einrichten, beim Bohren helfen und die Nacharbeiten ausführen. Der Bohrgeräteführer müsste dann nach zwei Tagen, an denen er beide Bohrungen mit Hilfe des Hilfsarbeiters der Baustelle erstellt hat, alleine umsetzen und am folgenden Tag, die nächste Bohrung an der nächsten Baustelle durchführen. Der Hilfsarbeiter muss dazu immer schon einen Tag früher auf der Baustelle sein, um diese herzurichten und verbleibt dann nach den Bohrarbeiten auf der Baustelle, verlegt die Leitungen, prüft, führt Restarbeiten aus und übergibt die Anlage an den Auftraggeber. Dies ist in der folgenden Tabelle dargestellt.

Erweiterter Ablaufplan mit 2. Baustellen gleichzeitig

Arbeitskräfte:

A	Bohrmeister
B	Hilfsarbeiter
C	Hilfsarbeiter

Baustelle/ Arbeiten	Tage: Mon.	Die.	Mit.	Don.	Frei.	Mon.	Die.	Mit.	Don.	Frei.
Nacharbeiten	B									
1. Baustelle										
Herrichten										
Bohren	A/C									
Bohren		A/C								
Nacharbeiten			C							
Nacharbeiten				C						
2. Baustelle										
Herrichten		B								
Bohren			A/B							
Bohren				A/B						
Nacharbeiten					B					
Nacharbeiten						B				
3. Baustelle										
Herrichten					C					
Bohren						A/C				
Bohren							A/C			
Nacharbeiten								C		
Nacharbeiten									C	
4. Baustelle										
Herrichten							B			
Bohren								A/B		
Bohren									A/B	
Nacharbeiten										B
Nacharbeiten										
5. Baustelle										
Herrichten										C

Arbeitsstunden der Arbeitskräfte je Tag

	Mon.	Die.	Mit.	Don.	Frei.	Summe
A Bohrgeräteführer	10	10	10	10	0	40
B Hilfsarbeiter	7	7	10	10	6	40
C Hilfsarbeiter	10	10	7	7	6	40

Der Bohrgeräteführer ist unter Umständen stark belastet, wenn die Tiefe der Bohrungen regelmäßig 100 m betragen. Daher besteht die Möglichkeit, dass er Freitag nicht arbeitet. Jedoch muss dies im Betrieb von Fall zu Fall und je nach Auftragslage geregelt werden, so dass dieser Musterablauf allen Falls eine grobe Richtung zeigt, wie eine Bohranlage effektiv eingesetzt werden kann. Für die weiteren bauwirtschaftlichen Berechnungen wird nun im Anschluss von vier Bohrungen pro Woche mit einem Bohrgeräteführer und zwei Hilfsarbeitern ausgegangen.

6 Bauwirtschaft

Als Ausgangsfrage stellt sich in diesem Kapitel die folgende: Ein Gewinn in welcher Höhe ist mit der Ausführung der in Kapitel 5 erläuterten Bohrarbeiten zu erwarten?

Dazu werden die anfallenden Kosten bestimmt, die aus den Baustellengemeinkosten für Geräte-, Betriebstoff- und Rüstkosten sowie Materialkosten, Lohnkosten und Geschäftskosten bestehen. Daraus ergibt sich ein ungefährer Preis für die geplanten Bohrarbeiten. Im Gegenzug wird dann der zu erwartende Gewinn ermittelt, welcher sich im Vergleich mit den aktuell üblichen Preisen ergibt, die im Kapitel 6.1 „Ausschreibungstext und Bohrpreis" aufgezeigt werden. Ein wichtiger, gesetzlich geregelter betriebswirtschaftlicher Grundsatz ist das so genannte Vorsichtsprinzip gemäß § 252 Abs. 1 Nr. 4 HGB. Dieser besagt allgemein, dass der Kaufmann bei der Darstellung der Vermögens- und Ertragslage eher pessimistisch als optimistisch vorgehen sollte. Daher sind im Folgenden Umsatzprognosen eher zu gering und Verbindlichkeiten eher zu hoch bewertet[68].

6.1 Ausschreibungstext und Bohrpreis

Der Weg zur Wärmepumpe mit Erdwärmesonden geht über den Heizungsbauer. Dieser bekommt in der Regel vom Statiker oder Energieberater Angaben über den Jahresheizbedarf des Objekts. Der Heizungsbauer bestimmt damit die Leistung der Heizungsanlage, beispielsweise 6 kW. Daraufhin fragt er Bohrunternehmen an, die Erdwärmesondenanlage herzustellen. Der Bohrunternehmer steht dadurch in der Verantwortung, die Länge der Erdwärmesonden selbst zu bestimmen, wie es im Kapitel 3.4.1 „Auslegung von Erdwärmesonden" beschrieben ist. Vertraglich wird nur die Bereitstellung der Heizleistung vereinbart. Die Heizleistung ist inklusive der durch den Kompressor der Wärmepumpe erzeugten Wärme. Der Ausschreibungstext des Heizungsbauers könnte damit folgendermaßen formuliert sein:

Herstellung einer Erdwärmesondenanlage mit Einbau der Leitungen von der Erdwärmesonde bis zur Übergabestation im Heizungsraum, inkl. aller Einbauteile, Ringraumverfüllung, Mauerdurchführung zur Übergabestation, Bohrgutbeseitigung und wiederherrichten der Baustelle, zur Bereitstellung der erforderlichen Heizleistung, unter Berücksichtigung der VDI 4640 und DIN EN ISO 22475. Jahresarbeitzahl der Wärmepumpe: .... (z.B.: 4)

Erforderliche Heizleistung: .... (z.B.: 6 kW)

Der Bohrunternehmer muss sich informieren, welche Wärmeleistung der Untergrund am Ort der Bohrung hat. Dazu informiert er sich bei den zuständigen Behörden nach dem Schichtenverzeichnis und bestimmt danach die Länge der Erdwärmesonden und kalkuliert seine Kosten. Zuvor muss zudem geklärt werden, ob das Bohren an dem geplanten Ort überhaupt erlaubt ist, oder wasserrechtliche,

---

[68] Vgl.: Wöhe,G.: Allgemeine Betriebswirtschaftslehre, Kap. B III, S. 935.

baurechtliche oder bergrechtliche Einwände bestehen. An dieser Stelle wird wiederum ersichtlich, dass Auslegung, Preise und Aufwendungen regional stark schwanken. In Regionen mit leicht zu durchteufenden Untergrund und hoher Wärmeleitfähigkeit, ist das Bereitstellen der erforderlichen Heizleistung mit geringeren Aufwendungen verbunden, als in Regionen mit schwer zu druchteufenden Untergrund und niedriger Wärmeleitfähigkeit. Um hierbei die Übersichtlichkeit zu bewahren, wird wiederum der Standardfall von Kapitel 5.1 herangezogen, indem der Bohrunternehmer 10 kW bereitstellen soll. Die Befragung von Heizungsbauern aus der Region Südwest-Mecklenburg ergab, dass Bohrunternehmen derzeit 850 € (netto) je Kilowatt Heizleistung fordern. Dabei soll nicht unerwähnt bleiben, dass vor drei Jahren der Preis bei ca. 500 €/kW gelegen hat und für die Zukunft angekündigt wurde, die Bohrpreise weiter zu erhöhen. Für den Standardfall ergibt sich daraus aktuell ein Preis von 8500 €. In Bezug auf die Bohrmeter würde ein Preis von 8500€/160m = 53,13 €/m resultieren. Dies deckt sich mit den Angaben des Berichtes des Baden - Württembergischen Förderprogramm[69] für Erdwärme, der bereits in Kapitel 2.6 „Partizipieren am Markt" erwähnt wurde, in dem ein Durchschnittspreis von 57,5 € je Bohrmeter genannt wird. Differenzen lassen sich mit den unterschiedlichen Geologien und der damit verbundenen Ausstattung und Auslegung der Bohrausrüstung sowie mit unterschiedlichen Lohnkosten erklären. Für die weiteren Berechungen zur Gewinnerwartung werden die 850 €/kW Heizleistung herangezogen, da die kalkulierte Bohranlage ebenfall für die regionale Geologie ausgelegt ist, für die auch der Bohrpreis gilt.

6.2 Unternehmensstruktur

Die Struktur des Bohrunternehmens gleicht dem kleinen Handwerksbetriebe. Die Geschäftsleitung wird durch den Geschäftsführer ausgeführt. Dieser ist im Wesentlichen verantwortlich für den Einkauf, der Auftragsakquisition und dem Einholen der behördlichen Genehmigungen sowie für die Bauleitung und Koordination der Arbeitskräfte. Gegebenenfalls muss er auf der Baustelle mitarbeiten, um Stoßzeiten oder krankheitsbedingte Ausfälle auszugleichen.

Die Bauausführung erfolgt durch die gewerblichen Arbeitnehmer, bestehend aus einem Bohrgeräteführer und den Hilfsarbeitern. Deren Tätigkeitsfeld ist unter Gliederungspunkt 5.3 „Bauablauf" detailliert aufgeführt. Eine halbtags angestellte Bürokraft unterstützt den Geschäftsführer, verbucht und erstellt Rechnungen. Außerdem ist diese zuständig für den Schriftverkehr und die Telefonie. Die Buchhaltung sollte extern, durch ein Steuerbüro übernommen, da dieses über notwendiges Fachwissen verfügt und durch monatliche betriebswirtschaftliche Auswertungen die Effektivität der Betriebstätigkeit analysieren und überwachen kann. Die Geschäftsführung wird entlastet und kann sich auf die Kernkompetenzen konzentrieren. Der Bauhof besteht aus dem Lager für Verbaumaterialen und Bohrzubehör mit einer kleinen Werkstatt.

6.3 Bestimmung der Herstellungskosten einer Erdwärmesondenanlage

Zur Bestimmung der Herstellungskosten einer Erdwärmesondenanlage werden zunächst die einzelnen Kosten verursachenden Bestandteile aufgezeigt und unter verschiedenen Annahmen, Aussagen zu deren Höhe gemacht. Unter Punkt 6.3.1 „Kosten der Ausrüstung" sind die Geräte und die mit deren Vorhaltung und Betrieb verbundenen Kosten zusammengefasst. In den darauf folgenden Punkten werden die Lohnkosten und Materialkosten dargestellt und abschließend unter Punkt 6.3.4 die Herstellungskosten ermittelt.

---

[69] Vgl.: Sawillion, M.: Baden-Württembergisches Förderprogramm.

6.3.1 Kosten der Ausrüstung

Zur Bestimmung der Kosten für die Ausrüstung werden nun mit Hilfe der Baugeräteliste (BGL) in der Fassung von 2001 die einzelnen Bestandteile zusammengestellt, um dann die zu erwartenden monatlichen Kosten zu bestimmen. Unter K.1.0 in der BGL[70] sind hydraulische Drehbohranlagen aufgeführt.

Die Bohranlage mit der Nummer K.1.00.0500 entspricht der Größe, wie sie unter Punkt 5.1 „Standardfall für weitere Auslegung" gefordert ist. Die Bohranlage besteht aus dem Bohrmast mit hydr. Vorschubeinrichtung, Seilwinden, Spülpumpe und Dieselhydraulik – Aggregat einschließlich aller für den Betrieb erforderlichen Bedienelemente und Schlauchleitungen auf einem Grundrahmen mit Abstützungen zum Aufbau auf Raupenfahrwerk. Die Anlage hat ein max. Drehmoment von 5000 N/m, eine Motorleistung von 48 kW, eine Masthöhe von 6 m und ein Gewicht von 4500 kg. Der mittlere Neuwert betrug im Jahr 2000 ca. 122.500,00 €. Hinzu kommen Zusatzgeräte und Zuatzausrüstungen wie Brecheinrichtung und Kraftdrehkopf, wodurch der Neuwert auf 159.000,00 € ansteigt. Vom Jahr 2000 an bis zum Juli 2007 stieg der Erzeugerpreisindex[71] um 19 %. Damit ergibt sich ein heutiger Wiederbeschaffungswert von 189.500,00 € (netto). Für Drehbohranlagen gibt die BGL einen monatlichen Reparaturkostensatz von 2,6 % an, was hierbei 4927,00 €/Monat ergibt. Darin enthalten sind sämtliche Aufwendungen zum Erhalt der Betriebsbereitschaft, unter anderem Erhaltung und Wiederherstellung der Betriebsbereitschaft am Einsatzort oder in fremden Werkstätten. Nicht enthalten ist die allgemeine Wartung und Pflege durch das Bedienpersonal. Dies erfolgt direkt durch die Beaufschlagung von 10 % auf die Arbeitsstunden des Geräteführers und auf die Betriebsstoffe. Der monatliche Abschreibungs- und Verzinsungssatz beträgt zwischen 2,8 – 3,2 % und resultiert aus den erwarteten 8 Nutzungsjahren, 6,5 % kalkulatorischen Zinses und 45 – 40 Vorhaltemonaten, wobei aufgrund der aktuell hohen Zinsen, in diesem Fall mit 3,2 % weitergerechnet wird.

Unter der kalkulatorischen Abschreibung ist zu verstehen, dass bei jedem Einsatz eines Gerätes, diese durch Alterung und Verschleiß eine Wertminderung erfährt. Zudem wird durch einen enthaltenen Kalkulatorischen Zins berücksichtigt, dass im Gerät Kapital gebunden ist und keine Zinsen erbringen kann, aber auch nur für den halben Zeitraum, da durch die mit dem Gerät erbrachten Einkünfte, Zins bringendes Kapital zurückfließt. In 8 Jahren soll dieses Gerät also so viel „eingebracht" haben, dass die Investitionskosten und die entgangenen Zinsen wieder eingenommen wurden. Für Abschreibung und Verzinsung ergeben sich monatlich 6.064,00 €. Das heißt, dass wenn die Bohrmaschine einen Monat lang 170 h eingesetzt wird, muss diese 4.927,00 €/Monat für Reparaturkosten und 6.064,00 €/Monat aus Abschreibung und Verzinsung, also insgesamt 10.991,00 €/Monat erwirtschaften.

Der Monat hat laut BGL durchschnittlich 170 Stunden. Damit kostet eine Stunde Bohrgeräteeinsatzzeit 64,65 €. Hinzu kommen die Kosten für die Betriebsstoffe. Unter der Annahme, dass das Bohrgerät ca. 150 Gramm Diesel je Kilowatt Motorleitung in einer Betriebsstunde verbraucht, ergibt sich für 48 kW ein Verbrauch von 7200 g/h. Der zollamtliche Umrechnungsfaktor für Dieselkraftstoff beträgt 0,84 kg/l, woraus sich hierbei 8,6 Liter Dieselkraftstoff ergibt. Der netto Diesel - Preis liegt momentan bei ca. 0,97 € und da mit keinem Preisverfall für Kraftstoffe zu rechnen ist, wird pauschal mit 1,00 € pro Liter Diesel weiter gerechnet. An dieser Stelle wird zusätzlich der Bedarf an Öl und Schmiermittel zur Wartung und Pflege des Gerätes mitberechnet, indem die Kraftstoffkosten mit 10 % beaufschlagt werden. Letztendlich ergeben sich Betriebstoffkosten von ca. 9,43 €/h. Zusammen mit den Vorhaltekosten von 64,65 € insgesamt 74,08 €/h. Nach dieser Systematik sind die im Anhang befindlichen Gerätestammkarten für die Baugeräte erstellt. Die folgende Tabelle stellt die eben erläuterten Kosten-

---

[70] Vgl.: Hauptverband der deutschen Bauindustrie .V. : BGL, S. K7.

[71] Vgl.: Statistisches Bundesamt: Preisindex.

annahmen zusammenfassend dar, um anschließend die gesamten Gerätekosten für eine Baustelle nach dem Standardfall aus Kapitel 5.1 zu ermitteln.

Erzeugerpreisindex von 1990 zu 2000 :	**1,155**
Erzeugerpreisindex von 2000 zu Juli 2007 :	**1,19**
Stunden / Monat :	**170**

Bezeichnung	DREHBOHRANL HYD, inkl. Zusatzausrüstung	Bohrgestänge, 100m (aus BGL 1990)	Verpressgerät (aus BGL 1990)	Minibagger R	LKW Fahrgest 4 x 2	Ladekran (aus BGL 1990)	Anhänger Pritsche, 2 Achsen, Bordwände	Kleintransporter, 70 kW	Anhänger Pritsche, 1 Achsen, Bordwände
Nr. BLG	K.1.00. 0500	4331 - 0089	2576 - 0405	D.1.02. 0005	P.2.000. 150	2975 - 0036	P.4.01. 0100	P.1.01. 0017	P.4.01. 0027
Kenngröße	5000	88,9	5	10	15	3,6	10	1,7	2,7
Einheit	Nm	Mm	m³/h	kW	t	tm	t	t	T
mittl. Neuwert [€]	159220	9699,7	12763	29100	98125	13783,9	13755	11800	3538,5
Aktueller Neuwert [€]	189472	13332	17542	34629	116769	18945,3	16368,5	14042	4210,8
Nutzungsjahre	8	4	8	5	4	5	6	4	6
Vorhaltezeit [Mon.]	45	30	50	35	45	45	45	40	45
Abschreibung / Verzinsung	3,2%	4,5%	2,8%	3,3%	2,8%	2,9%	3,0%	3,2%	3,0%
[€/Mon.]	6063,10	599,93	491,18	1142,76	3269,53	549,42	491,05	449,34	126,32
[€/h]	35,67	3,53	2,89	6,72	19,23	3,23	2,89	2,64	0,74
Reparatur - kosten	2,6%	4,1%	1,4%	1,1%	2,2%	2,1%	1,8%	2,6%	1,8%
[€/Mon.]	4926,27	546,60	245,59	380,92	2568,91	397,85	294,63	365,09	75,79
[€/h]	28,98	3,22	1,44	2,24	15,11	2,34	1,73	2,15	0,45
Gerätekosten [€/Mon.]	10989,36	1146,53	736,76	1523,68	5838,44	947,27	785,69	814,44	202,12
[€/h]	64,64	6,74	4,33	8,96	34,34	5,57	4,62	4,79	1,19
Betriebskosten [€/h]	9,43	0	1,43	1,96	22,59	0,00	0,00	13,75	0,00
Gesamt [€/h]	**74,07**	**6,74**	**5,76**	**10,92**	**56,93**	**5,57**	**4,62**	**18,54**	**1,19**

Stunden für Standardfall	11,00	11,00	3,00	14,00	3,00	3,00	3,00	5,00	5,00
Gesamt [€]	814,81	74,19	17,29	152,92	170,80	16,72	13,87	92,70	5,94
Kosten für den Geräteeinsatz [€]:									**1359,24**

Üblicherweise werden in der Praxis die Werte der BGL um bis zu 20 % abgemindert, um realistische Werte zu erhalten. In diesem Fall werden die Vorgaben jedoch identisch übernommen, da aufgrund der in den letzten Jahren stark gestiegenen Nachfrage für Bohranlagen, sich die Beschaffungskosten ebenfalls deutlich erhöht haben.

Im zweiten Teil der Tabelle sind die Stunden aufgeführt, in denen die Geräte zum Erstellen einer Erdwärmesondenanlage, wie die des Standardfalls, verwendet werden. Im Ergebnis entstehen durch die Geräte Kosten von insgesamt ca. **1.360 €.** Je Kilowatt Heizleistung der Wärmepumpe ergeben sich somit 1.360 € / 10 kW = 136 €/kW Gerätekosten und bezogen auf den Bohrmeter 1.360 € / 160 m = 8,5 €/m.

6.3.2 Lohnkosten

Die Lohnkosten setzen sich aus Tariflöhnen mit den lohnbedingten Zuschlägen, den lohngebundenen Zuschlägen und den Lohnebenkosten zusammen. Grundlage für die weitere Ausführung ist der Bundesrahmentarifvertrag[72] für das Baugewerbe vom 4.Juli 2002 in der Fassung vom 17. Dezember 2003, 14. Dezember 2004, 29. Juli 2005, 1. Januar 2006 und 1. Juni 2006 in dessen Anwendungsbereich die bisher genannten Tätigkeiten fallen. Der Hilfsarbeiter, der die Baustelle vor- und nachbereitet, hat im Großteil selbstständig zu arbeiten, benötigt jedoch keine besonderen Schlüsselqualifikationen und ist daher der Lohngruppe 2 zuzuordnen. Der Bohrgeräteführer ist maßgeblich für den Erfolg der Bauvorhaben verantwortlich und benötig eine spezielle Ausbildung zum Bohrgeräteführer sowie eine vorausgegangen Ausbildung im Brunnenbauerhandwerk und ist somit der Lohngruppe 4 zuzuordnen. Danach steht dem Bohrgeräteführer 13,21 € (14,81 € west) pro Stunde zu. Der Hilfsarbeiter sollte 11,57 € (12,98 € west) die Stunde verdienen, gleichwohl auch ein Mindestlohn von 9,80 € (12,40 west) möglich währe. Die lohnbedingten Zuschläge setzten sich aus anfallenden Überstunden, Sonntagsstunden, Erschwerniszulage, vermögenswirksame Leistungen und anderen Zulagen zusammen. Da das Eintreten dieser Zuschläge im Vorfeld schwer vorhersehbar ist und in der Regel erst durch Erfahrungswerte aus vergangenen Betriebsjahren prognostizierbar wird, kann an dieser stelle pauschal 0,75 Cent pro Stunde beaufschlagt werden. Die lohngebundenen Zuschläge aus gesetzlichen und tariflichen Aufwendungen sollen 90 Prozent betragen, wie auch allgemein angenommen wird, da diese ansonsten für jedes Jahr neu berechnet werden müssten. Im Weiteren sind die Lohnnebenkosten für beispielsweise Reisegeld, Auslöse und Fahrtkosten mit einzubeziehen. Diese sind aber nicht zu erwarten, da die Bohranlage auf die regionale Geologie des Unternehmensstandortes ausgelegt ist und daher kaum weit entfernte Baustellen in betracht kommen, bei denen beträchtliche Lohnnebenkosten anfallen würden. Somit ergeben sich aus folgender Tabelle zu entnehmende Stundenlöhne.

Berechnung der Stundenlöhne
Grundlage: Rahmentarifvertrag Baugewerbe, Stand 1. Juni 2006

Berufsgruppe:	Lohn - gruppe	Tariflohn [€/h]	lohnbebingte Zuschläge [€/h]	lohngebundene Zuschläge 90 %	Lohnneben kosten [€/h]	**Stundenlohn [€/h]**
Brunnenbauer, Bohrgeräteführer	LG 4 a	13,21	0,75	12,56	0,00	**26,52**
Tiefbau, Hilfsarbeiter	LG 2	11,57	0,75	11,09	0,00	**23,41**

Unter dem Punkt 5.6 „Bauablaufplan“ ist die Arbeitszeit gegeben, die für den Hilfsarbeiter und den Bohrgeräteführer eingeplant sind. Daraus geht hervor, dass der Hilfsarbeiter 40 Stunden und der Bohrgeräteführer 20 Stunden mit der Erstellung einer Erdwärmesondenanlage gemäß dem Standardfall beschäftigt ist. Die Lohnkosten betragen damit 23,41 €/h x 40 h + 26,52 €/h x 20 = **1.466,8 €**. Je Kilowatt Heizleistung der Wärmepumpe ergeben sich somit 1466,8 € / 10 kW = 146,7 €/kW Lohnkosten und bezogen auf den Bohrmeter 1466,8 € / 160 m = 9,2 €/m.

---

[72] Vgl.: Bundes Rahmentarifvertrag für des Baugewerbe vom 4. Juli 2002, gültig seit1 Juni 2006.

6.3.3 Materialkosten

Im Folgenden sollen die anfallenden Materialkosten aufgezeigt und analysiert werden. Die angegebenen Materialpreise sind Listenpreise eines Namenhaften Händlers für Brunnenbauprodukte und Bohrtechnik aus Peine[73]. In der Regel werden auf Listenpreise von Händlern Rabatte gegeben, die hier jedoch nicht berücksichtigt werden. Die Mengen beziehen sich auf den Standardfall aus Kapitel 5.1. Somit sind jene Materialien in der nachstehenden Tabelle aufgelistet, die bei der Herstellung von zwei Erdwärmesonden von 80 m Länge benötigt werden. Die Lieferung erfolgt direkt vom Händler zum Bauhof. Dafür sind 7 % Transportkosten berücksichtigt, wobei die Länge des Transportweges die übergeordnete Rolle einnimmt und daher auch wesentlich höhere Kosten entstehen können.

Materialbezeichnung	Listen preis in EURO	Einheit	Zuschlag, Streu- u. Bruch-verluste u. Lieferkosten	Einheits-preis in Euro	Mengenberechnung	Menge	Gesamt-preis [€]
Doppel - U - Erdwärme-sonde DN 32 aus PE 100 mit Sondenfuß	434,70	80 m	7%	465,13	2 Sonden	2	930,26
Verteilerbalken 90 x 50 für DN 32 Sonden mit 4 Anschlüssen	296,80	Stück	7%	317,58	Vor- und Rückläufe zusammengefasst	1	317,58
Regulierventil - Tacosetter	39,00	Stück	7%	41,73	pro Anschluss	4	166,92
Umlenkbogen D32	24,90	Stück	7%	26,64	4 / Sonde	8	213,14
Elektroschweißmuffe D 32	8,10	Stück	12%	9,07	2 / Umlenkbogen	16	145,15
Abstandhalter/ Zentrierstück DN 32	3,80	Stück	12%	4,26	160[m]/1,75[m/Stück]	91	387,30
Y -Stück/ Hosenrohr DN 32	27,40	Stück	7%	29,32	2 / Sonde	4	117,27
Sondenfußgewicht 25 kg	98,00	Stück	7%	104,86	1 / Sonde	2	209,72
Klarwasser für die Spülung	1,75	m^3	12%	1,96	1,6m^3(Bohrlochinhalt) x 2,5 (Spülreserve) x 2 (Bohrungen)	8	15,68
Spülungszusatz - rein CMC	5170	t	12%	5790,40	4 kg/m^3 (Mischverhältnis) x 8 m^3(Spülung)	0,032	185,29
Verfüllung/ Dämmer	112,5	t	12%	126,00	1,6m^3(Bohrlochinhalt) x 2(Sonden) x 1,25 t/m^3	4	504,00
Entsorgung Bohrgut und Bohrspülung	30	m^3	12%	33,60	2 x Bohrlochinhalt	3,2	107,52
Gesamt:							**3299,83**

Umgerechnet auf den Bohrmeter ergibt sich ein Materialpreis von ca. 3.200 € / 160 m = 20 €/m und auf den Kilowatt Heizleitung bezogen 3.200 € / 10 kW = 320 €/kW.

[73] Vg.: Pb pumpenboese SBF – Hagusta: Brunnenbauprodukte und Bohrtechnik, Preisliste 2006/2007, S. 14 -17.

6.3.4 Herstellungskosten

Die Herstellungskosten für die Erdwärmesondenanlage aus dem Standardfall unter Punkt 5.1 resultieren aus den Gerätekosten mit ca. 1.360 €, den Lohnkosten von ca. 1.470 € und den Materialkosten von 3.300 € der vorangegangenen Abschnitte.

Aufaddiert ergeben sich somit Herstellungskosten von 6.130 €. Im Anhang, unter Punkt 9.2 „Herstellungskosten einer Erdwärmesonde nach Standardfall" wird die Kalkulation detaillierter dargestellt und die Geräte den Prozessen, Arbeitsstunden und Verbaumaterialien zugeordnet. Kleinwerkzeuge und Prüfgeräte bleiben zunächst unberücksichtigt. Werden aber in die allgemeinen Geschäftskosten einfließen.

Tabelle Herstellungskosten für Standardfall			Rabatt:	
Materialkosten:		3.299,83	20%	2.639,86
Lohnkosten:		1.466,80	0%	1.466,80
Gerätekosten:		1.359,24	20%	1.087,39
	Gesamt:	**6.125,87**		5.194,06
Anlage mit 10 kW, 160m		6.125,87		5.194,06
je kW		612,59		519,41
je Bohrmeter		38,29		32,46
7 Anlagen / Monat:				
Materialkosten:		23.098,81	20%	18.479,05
Lohnkosten:		10.267,60	0%	10.267,60
Gerätekosten:		9.514,68	20%	7.611,74
	Gesamt:	42.881,09		36.358,39
	gerundet:	**42.900,00**		

Zur Bestimmung des monatlichen Umsatzes kann entsprechend des Bauzeitenplans aus Kapitel 5.6 davon ausgegangen werden, dass das Bohrunternehmen pro Woche zwei Erdwärmesondenanlagen gemäß Standardfall erstellt. Demnach ergeben sich vier Bohrungen mit jeweils 80m Tiefe pro Woche und in einem Monat mit vier Wochen sechzehn Bohrungen. Da theoretisch Bohrungen von 100 m Tiefe möglich sind, wird an dieser Stelle bereits eine Reserve eingeplant. Hinzu kommt, dass im Folgenden nicht mit den acht möglichen Erdwärmesondenanlagen pro Monat gerechnet wird sondern nur mit sieben, um hier zusätzliche Sicherheit gegen eventuelle Ausfälle zu erhalten. Daraus ergibt sich mit 7 Erdwärmesondenanlagen zu je 6.130 € ein Betrag von **42.900 €** im Monat an Kosten für die Herstellung. Auf den Kilowatt Heizleistung bezogen, ergebe das 42900 € / (7 Erdwärmesondenanlagen x 10 kW) = 613 €/kW und auf den Bohrmeter 42900 € / (7 x 160m) = 38,3 €/m. Um weiteres Gewinnpotential aufzuzeigen, wurden in der Tabelle analog die Herstellungskosten unter der Annahme berechnet, dass auf die Listenpreise der Materialkosten 20% Rabatt gewährt und die BGL – Werte ebenfalls um 20% abgemindert werden können. Aus dieser Reduzierung der Herstellungskosten auf ca. 36.400 € resultiert eine weitere Sicherheit von 42.900 € - 36.400 € = 6500 € je Monat.

6.4 Geschäftskosten

Unter derartigen Kosten werden diejenigen Kosten zusammengefasst, die nicht direkt den Herstellungskosten zuzuordnen sind. Prinzipiell stellen die laufenden Geschäftskosten damit monatliche Kosten aus Verwaltung und Vertrieb dar, welche durch die betriebliche Tätigkeit gedeckt werden müssen. Die in der nachstehenden Tabelle aufgeführten Gemeinkosten wurden gemeinsam mit Dr. W. Harloff, Unternehmensberater in Schwerin ermittelt, der über umfangreiche Branchenerfahrung verfügt. Die ausgewiesenen Gemeinkosten stellen Branchenmittelwerte aus der Region dar und wurden auf die konkreten betrieblichen Bedingungen extrapoliert.

Kostenplanung für einen Monat			Euro
Angestellte Bürokraft halbtags		1800€ brutto / 2 x 1,3 LNK	1.170,00
kalk. Unternehmerlohn / Geschäftsführer			4.500,00
Büroräume		60 m² x 6 €/m² (warm)	360,00
Außenbereich		1000 m² x 0,50 €/m²	500,00
Energie:	Wasser/Elek.	1 €/m² x 60 m²	60,00
Entsorgung:			100,00
Reparaturen, Instandhaltung Büro:			100,00
Betriebsversicherungen, Beiträge			1.000,00
Gewerbesteuer			270,00
Kfz-Kosten (1Pkw) ohne Finanzierung/ohne AfA			500,00
Reisekosten/Schulungskosten			200,00
Leasing-Kosten, Franchise (Pkw-Leasing)			450,00
Bürobedarf (inkl. EDV)			300,00
Buchführung/Steuerberatung/allgem. Beratung			500,00
Werbung (z.B. Zeitung)			330,00
Telefon (Festnetz + 4 Handy)			300,00
Klein – und Prüfgeräte			200,00
Zinsen aus langfr. Finanzierung Büro- und Kommunikationstechnik Möbel: 10000€ + Technik: 3000€ + EDV: 5000€ + Kommunikation: 2000€ + Verbrauchmaterial: 4000 € = 24000€ x 6,5% / 12mon.			130,00
Kontokorrent 3 Mon. Umsätze = 180000€ x 10% Zinsen / 12Mon. x 50%			750,00
sonstige Kosten (Geldverkehr, Verluste usw.)			500,00
Abschreibungen Pkw und Bürotechnik Pkw: 30000€ x 20% + Bürotechnik: 20000€ x 16% = 9200€/12			770,00
Geschäftskosten je Monat:			12.990,00

Im Ergebnis belaufen sich die Geschäftskosten pro Monat auf ca. **13.000 €**, unabhängig von der Anzahl der erstellten Erdwärmesondenanlagen.

6.5 Bohrpreis und Kostendeckung

An dieser Stelle soll geklärt werden, welcher Bohrpreis oder Preis je Kilowatt Heizleistung durch das Bohrunternehmen erzielt werden muss, um kostendeckend zu wirtschaften. Auf der einen Seite stehen die Geschäftskosten i.H.v. ca. 13.000 € je Monat fest. Auf der anderen Seite belaufen sich die Herstellungskosten für 7 Erdwärmesondenanlagen gemäß des Standardfalles im Monat auf ca. 42.900 €. Zusammengerechnet ergibt sich daraus eine monatliche Belastung von 55.900 €.

Errichtet wurden dafür die 7 Erdwärmesondenanlagen mit jeweils 10 kW Heizleistung. Daraus resultiert für eine Erdwärmesondenanlage ein Preis von ca. 55.900 € / 7 Anlagen = 7.985,7 €. Je Kilowatt Heizleistung ergeben sich somit ca. 800 €. Diesen Betrag müsste das Unternehmen mindestens vom Auftraggeber verlangen, um kostendeckend zu arbeiten. In der nachstehenden Tabelle ist dies dargestellt.

Umsatzplanung:	7 Anlagen nach Standardfall		[€]
Geschäftskosten je Monat nach Kapitel 6.4			13000,00
Herstellungskosten je Erdwärmesondenanlagen nach Kapitel 6.3			6130,00
Herstellungskosten je Monat, für 7 Erdwärmesondenanlagen			42910,00
Entspricht:		Gesamtkosten ca.:	56000,00
Anlagen:	7,00		
Sondenanzahl:	14,00	je Kilowatt:	800,00
Bohrmeter je Sonde	80,00	je 80m Sonde:	4000,00
kW je Anlage:	10,00	je Bohrmeter:	50,00
Marktpreis je Kilowatt Heizleistung:			850,00
		Einnahmen:	59.500,00
		Überschuss:	**3.500,00**

Mit dem aus Kapitel 6.1 gegebenen aktuellen Bohrpreis von 850 €/kW, ergeben sich Einnahmen von 59.500 € aus der Errichtung der 7 Erdwärmsondenanlagen mit je 10 kW Heizleistung, die verrechnet mit den Geschäftskosten und Herstellungskosten einen Überschuss aus normaler Geschäftstätigkeit von 3.500 € bewirken. Wird zudem Unternehmergehalt in Höhe von 4.500 € berücksichtigt das in den Geschäftskosten bereits enthalten ist, ergibt sich ein Überschuss von 8.000 €/ Monat, wovon allerdings entsprechende Rückstellungen[74] gebildet werden können und Steuern begleichen werden müssen. Der darüber hinaus verbleibende Gewinn steht dem Unternehmer zur Verfügung.

Die folgende Tabelle zeigt eine zweite Variante, unter der Berücksichtigung, dass der Betrieb voll ausgelastet ist und 8 Erdwärmesondenanlagen im Monat errichtet. Für das Bohrunternehmen bedeutet dies, dass jede Woche vier Bohrungen mit je 80 m Länge abgeteuft werden müssen.

[74] Vgl.: Wöhe,G.: Allgemeine Betriebswirtschaftslehre, Kap. B III, S. 934.

Umsatzplanung: 8Anlagen nach Standardfall			[€]
Geschäftskosten je Monat nach Kapitel 6.4			13000,00
Herstellungskosten je Erdwärmesondenanlagen nach Kapitel 6.3			6130,00
Herstellungskosten je Monat, für 8 Erdwärmesondenanlagen			49040,00
Entspricht:		Gesamtkosten ca.:	62000,00
Anlagen:	8,00		
Sondenanzahl:	16,00	je Kilowatt:	775,00
Bohrmeter je Sonde	80,00	je 80m Sonde:	3877,50
kW je Anlage:	10,00	je Bohrmeter:	48,44
Marktpreis je Kilowatt Heizleistung:			850,00
Einnahmen:			68.000,00
Überschuss:			**6.000,00**

Unter dem aktuellen Marktpreis von 850 € je kW ergibt sich ein Überschuss von 850 €/kW – 6130 €/10kW = 237 €/kW Heizleitung. Um die Geschäftskosten von 13000 € zu decken, müssten demnach im Monat ca. 55 kW Heizleistung bereitgestellt werden. Das entspricht wiederum 5,5 Anlagen mit jeweils 10 kW. Diese könnten unter voller Auslastung schon nach 2 ¾ Wochen hergestellt sein. Werden die Rabatte auf die Listenpreise beim Materialeinkauf und der praxisüblichen Abminderung der BGL Neuwerte mit berücksichtigt, ergibt sich zusätzlich Sicherheit auf der Seite der Herstellungskosten, wodurch sich die Wahrscheinlichkeit für den Erfolg des Geschäftsmodels weiter erhöht.

7 rechtliche Bestimmungen

In diesem Kapitel sollen die rechtlichen Bestimmungen zur Nutzung der Erdwärme sowie die gesetzlichen Richtlinien für die Ausführung der Bohrung erläutert werden. Dazu wird das Bergrecht und das Wasserrecht betrachtet und der Vorgang bis zur Genehmigung der Bohrarbeiten durch die zuständigen Behörden dargestellt.

7.1 Bergrecht

Nach § 3 „Bergfreie und grundeigene Bodenschätze" Abs. 3 Satz 2 Nr. 2b des Bundes Berggesetz (BBergG) gilt Erdwärme als bergfreier Bodenschatz und untersteht somit dem Bergrecht. Dadurch wird klargestellt, dass Erdwärme zu den volkswirtschaftlich wichtigen Bodenschätzen zu zählen ist und das sich Eigentum eines Grundstückes nicht auf eventuell in dessen Bereich befindliche Bodenschätze erstreckt und somit nicht im Eigentum des Grundstücksbesitzers steht, sondern der Allgemeinheit. Aus diesem Grund bedarf es nach § 6 „Grundsatz" BBergG der Erlaubnis des jeweiligen Landesbergamtes als zuständige Genehmigungs- und Aufsichtsbehörde. Zum einen die Erlaubnis zur Aufsuchung nach § 7 BBergG und zum anderen die Bewilligung zur Nutzung und Gewinnung nach § 8 BBergG.

Die Erlaubnis und Bewilligung wird nach § 10 „Antrag" BBergG auf schriftlichen Antrag erteilt, unter Berücksichtigung der §§ 11 und 12 BBergG welche die Gründe zum Versagen der Erlaubnis oder der

Bewilligung enthalten[75]. Festzuhalten ist jedoch, dass wie bei der Baugenehmigung, ein gesetzlicher Anspruch auf die Erteilung der Bewilligung besteht. Als Versagensgründe sind hierbei jedoch andere heranzuziehen, als bei den klassischen bergfreien Bodenschätzen. So ist laut dem vom Bund-Länder-Ausschuss Bergbau beauftragten Ad-hoc-Arbeitskreis „Bemessung von Erdwärmefeldern" vordergründig, die Interessen potenzieller Erdwärmenutzer und die angewandten Techniken der Erdwärmeerschließung zu berücksichtigen[76]. Im Wesentlichen handelt es hierbei um Genehmigungen für große Erdwärmesondenanlagen, die nicht unter die Ausnahmeklausel des § 4 Abs. 2 Nr. 1 BBergG fallen, aus dem hervorgeht, dass keine Bewilligung seitens der Landesbergämter erforderlich ist, wenn die Nutzung der Erdwärme in einem Grundstück im Zusammenhang mit dessen baulicher oder sonstiger städtebaulicher Nutzung steht. Ist also eine Gemeinschaftsanlage, die sich über die eigene Grundstücksgrenze hinaus erstreckt geplant, so erfordert dies eine Genehmigung. Die gesetzlichen Kriterien an den Antrag umfassen einen konkreten Arbeitsplan, aus dem der technische und zeitliche Ablauf des Projektes hervorgeht sowie eine Bestätigung, dass alle erforderlichen finanziellen Mittel bereit stehen, auch für den Fall einer Fehlbohrung. Außerdem müssen Beurteilungen vorgenommen werden, um Gefährdungen die durch das Projekt und die Erdwärmenutzung entstehen, aufzuzeigen. Damit soll sichergestellt werden, dass keine öffentlichen Interessen dem Vorhaben entgegenstehen, wobei sich zu Gunsten des Vorhabens auswirkt, dass mittels geothermischer Anlagen erneuerbare Energien gefördert werden und damit sogar dem öffentlichen Interesse dienlich sind. Hinzu kommt der mit dem Betrieb der Anlage verbundene bergrechtliche Betriebsplan zu dem Betreiber genehmigungsbedürftiger Erdwärmeprojekte nach §§ 51 ff. BBergG gesetzlich verpflichtet ist. Dieser soll geplanten Arbeiten und Maßnahmen darstellen und dokumentieren[77].

Festzuhalten gilt daher, dass Erdwärmesondenanlagen für den Bereich Ein- und Mehrfamilienhäuser dahin gehend ausgelegt werden sollten, dass die Kriterien des § 4 Abs. 2 Nr.1 BBergG erfüllt werden und die bergrechtliche Genehmigungsprozedur umgangen wird. Mit der Konsequenz, dass die Grundstücksgrenzen mit einem Mindestabstand von fünf Metern eingehalten werden, damit Nachbargrundstücke nicht thermisch oder stofflich beeinträchtigt werden. Hinzu kommt die Regelung des § 127 BBergG der besagt, dass Bohrungen die über 100 m tief in den Boden eindringen mindestens zwei Wochen vor Ausführung angezeigt werden müssen und unter Umständen die Betriebsplanpflicht auferlegt wird. Um dies zu vermeiden sollte, die Bohrtiefe auf 100 m beschränkt beleiben wie es auch in der VDI 4640 Blatt 2[78] vorgesehen ist. Zudem ist dies auch ökonomisch sinnvoll, da tiefere Bohrungen aufwendiger zu erstellen sind und die benötigte Bohranlage, die durch das Unternehmen vorzuhalten wäre, erheblich leistungsstärker dimensioniert sein müsste. Zwar ist mit tieferen Erdwärmesonden eine größere Entzugsleitung erreichbar, jedoch steigt mit der Sondenlänge auch der hydraulische Widerstand in der Sondenleitung, so dass wiederum mehr Antriebsenergie zur Zirkulation des Wärmeträgermediums aufgewendet werden müsste.

7.2 Wasserrecht

Mit Wasserrecht sind die gesetzlichen Bestimmungen und Vorschriften gemeint, die sich aus dem Wasserhaushaltsgesetz (WHG) des Bundes und der landesrechtlichen Wassergesetzen ergeben. Im Folgenden werden lediglich die Genehmigungsanforderungen für geschlossene geothermische Systeme ohne Grundwassernutzung dargestellt. Also für Erdwärmesondenanlagen, wohingegen offene

75 Vgl.: Große, A.: Rechtliche Grundlagen für die Genehmigung.

76 Vgl.: Schulz, R.: Bergrecht und Erdwärme.

77 Vgl.: Thiele, M.: Umwelt- und Naturschutzaspekte, Kapitel 6.1.1.

78 Vgl.: VDI 4640 Blatt 2: Thermische Nutzung des Untergrundes, 5.1 Auslegung, S. 15.

geothermische Systeme, die das Grundwasser direkt nutzen, nicht betrachtet werden, da dies nicht dem Betätigungsfeld des hier zugrunde liegenden Unternehmensmodel entspricht.

Zunächst ist zu klären, ob Erdwärmesonden „Gewässer benutzen" und dadurch nach § 2 Abs.1 WHG eine behördliche Erlaubnis erfordern. § 1 Abs. 1 Nr.2 WHG definiert Grundwasser als Gewässer, womit Erdwärmesonden in der Regel in Berührung sind. § 3 Abs. 2 Nr.2 WHG besagt, dass als Benutzung auch Maßnamen zu zählen sind, die dauernd oder in einem nicht nur unerheblichen Ausmaß schädliche Veränderungen der physikalischen, chemischen oder biologischen Beschaffenheit des Wassers herbeiführen. In Bezug auf die Erdwärmesonden geschieht dies zum einen durch die Bohrarbeiten, wobei Grundwasser gefährdende Stoffe eingebracht werden könnten oder es werden verschiedene Grundwasserleiter durchbohrt die miteinander in Verbindung treten und somit schädliche Veränderungen der Wasserbeschaffenheit bewirken können. Zum anderen stellt die Wärmeüberträgerflüssigkeit eine potentielle Gefährdung bei laufendem Betrieb dar, weil diese beispielsweise giftige Frostschutzmittel enthalten. Ein weiterer Benutzungstatbestand resultiert aus dem Wärmeentzug und der damit verbundenen Temperaturänderung des Grundwassers. Zumal diese Auffassung von den Landesbehörden für kleine Erdwärmesondenanlagen als vernachlässigbar eingeschätzt werden kann. Große Anlagen wären es im Bundesland Brandenburg bei Entzugsleistungen ab 20 kW[79]. Somit läge in Brandenburg kein Tatbestand der Gewässerbenutzung vor, weswegen keine wasserrechtliche Erlaubnis einzuholen wäre, wenn auch die erstgenannten Gefährdungen ausgeschlossen sind. Dies ist abhängig von der Lage der Bohrung in Trinkwasser- bzw. Heilquellenschutzgebieten oder außerhalb und entscheiden die Wasserbehörden.

Zunächst muss das Vorhaben nach § 35 Abs. 1 WHG Erdaufschlüsse, generell bei den Landesbehörden angezeigt werden, da diese alle Arbeiten die über eine bestimmte Tiefe hinaus in den Boden eindringen, zu überwachen haben. Darauf hin wird entschieden, ob die oben genannte Erlaubnis bzw. Bewilligung nach § 2 Abs. 1 WGH erforderlich ist.

In der folgenden Grafik ist die Verfahrensweise zur wasserrechtlichen Behandlung von Erdwärmesondenanlagen dargestellt, wie es im Leitfaden für Erdwärmesonden in Mecklenburg – Vorpommern auffindbar ist[80]. Danach muss gemäß § 33 „Erdaufschlüsse" des Landeswassergesetztes Mecklenburg-Vorpommern (LWaG MV) in Verbindung mit § 20 „wassergefährdende Stoffe" Abs. 2 und 4 LWaG, jede Erdwärmesonde der zuständigen Unteren Wasserbehörde (UWB) angezeigt werden. Durch diese wird dann überprüft, ob und wie Trinkwasser gefährdet sein könnte. Bestenfalls liegt die Bohrung außerhalb von Trinkwasserschutzgebieten und weist günstige hydrogeologische Verhältnisse auf. Damit würden keine Einwände seitens der Behörde vorliegen und die Arbeiten könnten beginnen. Günstige hydrogeologische Verhältnisse liegen vor, wenn die Bohrung für die geplante Tiefe an dem Standort nicht artesische Grundwasserleiter, Grundwasserleiter mit stärkerer Grundwasserversalzung, Karstgrundwasserleiter, oder mehrere Grundwasserstockwerke mit deutlich unterschiedlicher Grundwasserdynamik und Wasserbeschaffenheit berührt[81]. Ungünstige Verhältnisse wären es, wenn dementsprechend einer der genannten Gründe auftritt und somit eine Benutzung der Gewässer nach § 3 WGH vorliegt. Beurteilt die UWB die hydrologisch Verhältnisse als ungünstig, erfolgt daraufhin ein Erlaubnisverfahren nach § 7 WHG mit dem möglichen Ergebnis, dass die Bohrung nicht erlaubnisfähig ist, oder einschränkend unter Auflagen. Gemäß dem Fall, die Bohrung liegt in einem Trinkwasserschutzgebiet, kann diese nach Einzellfallprüfung unter Auflagen erlaubt werden, wenn durch den Standort

---

[79] Vgl.: Thiele, M.: Umwelt- und Naturschutzaspekte, Kapitel 6.2.2.

[80] Vgl.: Landesamt für Umwelt, Naturschutz und Geologie Mecklenburg-Vorpommern: Leitfaden für Erdwärmesonden, Anlage 3.

[81] Vgl.: Landesamt für Umwelt, Naturschutz und Geologie Mecklenburg-Vorpommern: Leitfaden für Erdwärmesonden, Kapitel 6.

nicht das zur Trinkwassergewinnung genutzte Aquifer berührt wird. Festzuhalten gilt, dass der Trinkwasserschutz in jedem Fall Vorrang hat.

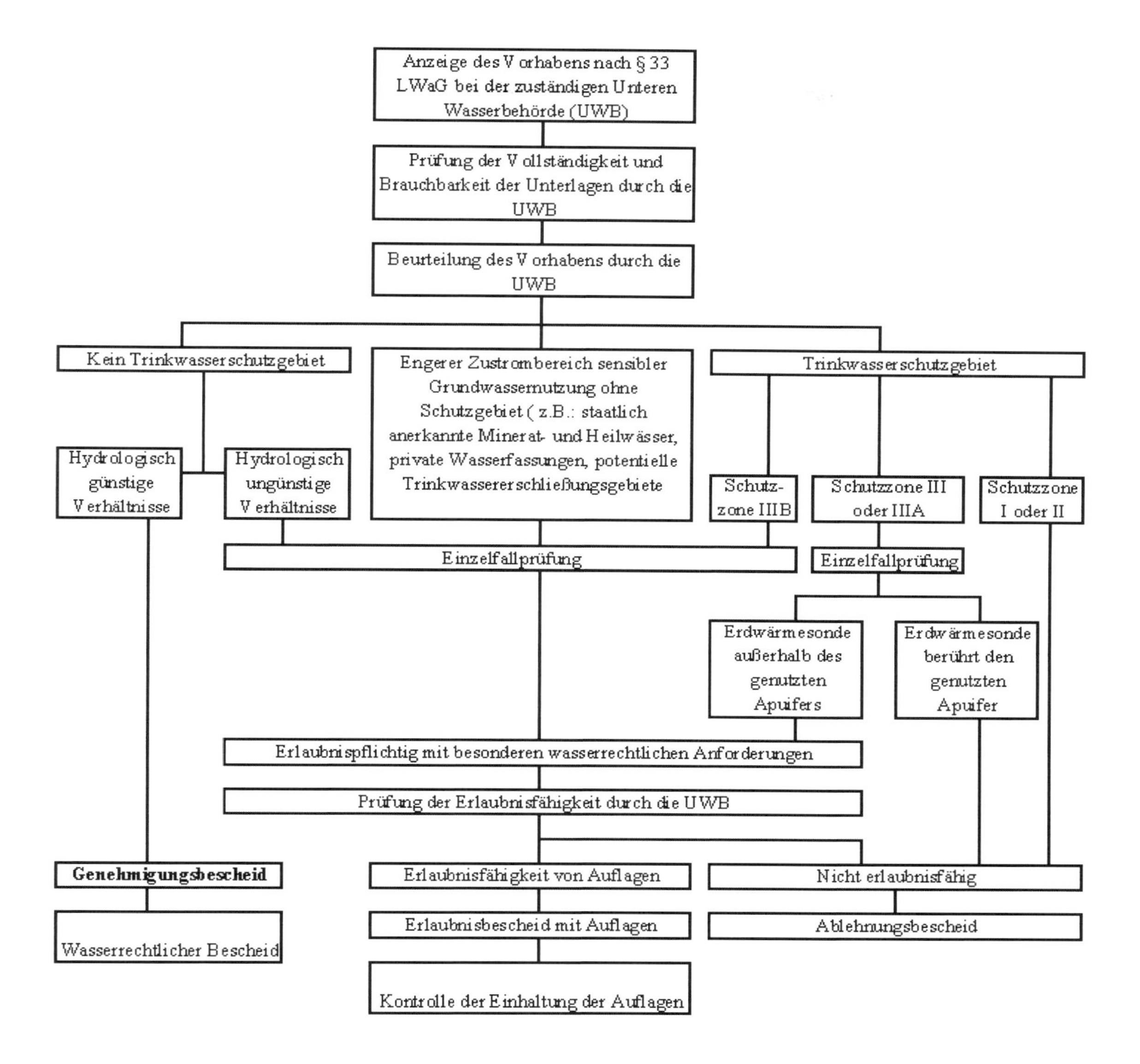

Abb. 51: Verfahrensweise bei der Wasserrechtlichen Behandlung von Erdwärmesonden

Unabhängig von den Genehmigungen und Anzeigen nach BBergG, WHG und landesrechtlichen Wassergesetzen besteht laut § 4 Abs. 1 Lagerstättengesetz (LagerstG) die Anzeigepflicht für das Abteufen von Bohrungen an die zuständige geologische Anstalt des Landes zwei Wochen vor Bohrbeginn. In Mecklenburg-Vorpommern hat dies an das Landesamt für Umwelt, Naturschutz und Geologie M-V zu erfolgen. Spätestens vier Wochen nach Beendigung der Arbeiten müssen die Ergebnisse übermittelt werden.

7.3 Anforderungen an das Bohrunternehmen

Um als Bohrunternehmen tätig zu sein und Erdwärmesonden einzubauen, ist es erforderlich gemäß § 1 des Gesetzes zur Ordnung des Handwerkes (Handwerksordnung - HwO) Abs. 1 als zulassungspflichtiges Handwerk nach Anlage 1 Nr. 7 – Brunnenbauer, in der Handwerksrolle eingetragen zu sein. Laut § 7 HwO muss der Betriebsleiter die Vorraussetzungen für das Brunnenbauerhandwerk erfüllen, um die Eintragung und damit die Ausübungsberechtigung zu erhalten. Die Vorraussetzungen sind dann erfüllt, wenn der Betriebsleiter gemäß § 7 ff. HwO, die Meisterprüfung zum Brunnenbaumeister bestanden hat, oder Ingenieur, bzw. Absolvent von technischen Ausbildungsinstitutionen ist oder eine Gesellenprüfung im Brunnenbau bestanden hat und diese Tätigkeit sechs Jahre lang ausübte. Die Handwerkskammer hat dies zu prüfen. Des Weiteren besteht die Möglichkeit von Ausnahmebewilligungen, bei denen sich die Zulassung auf einen bestimmten Bereich der Tätig beschränkt. So könnte prinzipiell die Zulassung als Brunnenbauunternehmen auf die alleinige Erstellung von Erdwärmesondenbohrungen reduziert werden, falls die Qualifikationen zum Errichten von Brunnen oder beispielsweise Grundwassermessstellen nicht ausreicht. Ist das Bohrunternehmen nun als solches in der Handwerkrolle eingetragen, kann dieses theoretisch Erdwärmesondenbohrungen unter Beachtung der maßgebenden DIN – Normen, VDI – Richtlinien und DVGW - Regelwerke ausführen. Die UWB verlangen laut Anfrage an die Untere Wasserbehörde des Landkreises Ludwigslust in der Regel vom Bohrunternehmen die DVGW Zertifikation nach dem Arbeitsblatt W 120[82] mit der speziellen Qualifikationsanforderung G2 – Geothermische Bohrungen bis 100 m Teufe gemäß VDI 4640 und B5 – Spülbohrverfahren gemäß DVGW W 115 (A). Zur Erlangung dieser Zertifikation muss sich das Unternehmen zu gewissen Qualitäts-, Sicherheits- und Fortbildungsmaßnahmen verpflichten die in dem Arbeitsblatt W 120 aufgeführt sind. Des Weiteren ist aufgeführt, dass bereits Tätigkeiten auf dem Qualifikationsgebiet erfolgt sein müssen, die als Referenz dienlich sein können. Neben der gerätetechnischen Ausrüstung und dem Qualitätsmanagement sind die zu erfüllenden personellen Vorraussetzungen die größte Hürde zu Erlangung der Zertifikation. Danach muss der verantwortliche Fachmann eine fünfjährige Berufstätigkeit in einem Bohrunternehmen nachweisen und das Fachpersonal ein geprüfter Bohrgeräteführer nach DIN 4021 sein.

8 Fazit

Für Unternehmen ergeben sich fortlaufend neue Anforderungen. Durch neuartige Technologien entstehen neue Marktsegmente und andere wiederum verschwinden. Dies abzuschätzen und sich darauf auszurichten stellt eine Herausforderung dar, die den Wenigsten gelingt. Meist wird ein Trend erst erkannt, wenn es zu spät ist und die Konkurrenz davon gezogen. Oder die Entwicklung wird missachtet und nicht auf eine Marktanpassung reagiert und weiter um immer engere Margen auf den bisherigen Tätigkeitsfeldern gekämpft, bis alle Rücklagen erschöpft sind.

Das Einbringen von Erdsonden zur Nutzung der Erdwärme ist ein neuer Trend in der Baubranche. Aufzugeigen wie daraus profitiert werden kann, wurde zur Zielsetzung der vorliegenden Arbeit.

Wie im einleitenden Kapitel beschrieben, steigen die Heizkosten für Verbraucher seit Jahren an. Da nicht davon auszugehen ist, dass Gas und Öl sich verbilligen und damit die Heizkosten konventioneller Systemen sinken, wird sich die Nutzung regenerativer Energiequellen nicht verringern sondern ansteigen. Das zweite Kapitel erläutert das große Potential der Erdwärmenutzung im Bereich der

[82] Vgl.: DVGW: Arbeitsblatt W 120.

Erzeugung von Raumwärme für Gebäude mittels Wärmepumpen. Dazu war es nötig, die Funktionsweise der Wärmepumpen zu erläutern, um zu verstehen, wie die Wärmequellen genutzt werden. Aufgeführte Heizkostenberechnungen wiesen Wärmepumpenanlagen die Erdwärme nutzen, als die mit den minimalen Gesamtkosten aus. Die steigenden Verkaufzahlen für Wärmepumpen spiegeln diese Entwicklung wieder.

In den folgenden Kapiteln wurde dargestellt, wie die Erdwärme entsteht und wie diese Nutzbar ist. Dazu wurden verschieden Möglichkeiten aufgezeigt und konkret die Nutzung der Erdwärme mittels Erdwärmesonden dargestellt. Zudem wurden im vierten Kapitel das Einbringen der Erdwärmesonden und deren Installation erläutert. Wesentlicher Gesichtspunkt war dabei das Abteufen der Bohrung und die dafür nötige Technik, da dies letztendlich der Hauptaufgabenbereich des Unternehmensmodels sein soll.

Nach Erklärung der verfahrenstechnischen Aspekte, wurde die baubetriebliche Durchführung verdeutlicht, um im sechsten Kapitel eine bauwirtschaftliche Kalkulationen als Kernaussage dieser Arbeit vorzunehmen. Anhand einer standardisierten Erdwärmesondenanlage, die als Hauptprodukt des Unternehmens gilt, wurden die dafür benötigten Aufwendungen berechnet. Diese Bestehen direkt aus den konkreten Herstellungskosten für die Anlage und indirekt, aus den laufenden Geschäftskosten des Unternehmens. Die Herstellungskosten setzen sich aus Lohnkosten, Materialkosten und Gerätekosen zusammen. Die Gerätekosten basieren auf Angaben der aktuellen Baugeräteliste von 2001 und beziffern sich auf insgesamt ca. 1.360 € für Kosten aus Reparatur, Abschreibung, Verzinsung und Betrieb. Die Lohnkosten wurden auf Basis der aktuellen Rahmentarifverträge für das Baugewerbe ermittelt. Für ca. 60 Arbeitsstunden ergeben sich damit ca. 1.470 € Lohnkosten. Die Materialkosten bestehen aus Listenpreisen für die benötigten Bestandteile der Sonde und betragen ca. 3.300 €. Insgesamt entstehen damit unter den hier vorgegebenen Bedingungen ca. 6.130 € Herstellungskosten für eine Erdwärmesondenanlage. Die monatlichen Geschäftskosten aus Vertrieb und Verwaltung wurden in Höhe von 13.000 € bestimmt. Anhand der Erkenntnisse des baubetrieblichen Ablaufes, wurde eine durchschnittliche Anzahl von sieben Erdwärmesondenanlagen ermittelt, die innerhalb eines Monats erstellt werden können. Im Ergebnis belaufen sich somit die monatlichen Gesamtkosten auf ca. 56.000 €. Dem gegenüber stehen Einkünfte für die Errichtung der Erdwärmesondenanlagen von 59.500 €. Diese Summe resultiert aus aktuellen marktüblichen Bohrpreisen. Damit steht am Ende ein Ergebnis von 3.500 € Überschuss womit sich zeigt, das dass Unternehmensmodel erfolgreich sein kann.

Zur Bewertung dies Resultats sein angemerkt, dass die einzelnen Kostenbestandteile eher pessimistisch angenommen wurden. So sind die Materialkosten Listenpreise, auf die es in der Regel Rabatte im nicht unerheblichen Maße gibt. Hinzu kommt, dass der Bohrbetrieb theoretisch in der Lage ist, eine weitere Erdwärmesondenanlage im Monat zu errichten. Daraus erschließt sich, dass der zu erwartende Überschuss weitaus größer ausfallen könne als dargestellt.

Fraglich bleibt allerdings, ob sich eine solche Unternehmung ohne geologische oder bohrtechnische Vorqualifikation des Unternehmers selbst umsetzen lässt. Aufgrund der stark gestiegene Nachfrage, an qualifizierten Bedienpersonal für Bohrgeräte, den mangelnden Fortbildungsmöglichkeiten und hohen Zulassungsbeschränkungen für Quereinsteiger ist es schwierig, geeignetes Fachpersonal zu finden. Daneben besteht das Problem der Erlangung einer Zertifizierung durch den DVGW, welche notwendig ist, um von behördlicher Seite die Genehmigung zum Bohren zu erhalten. Paradoxer weise, muss ein Unternehmen als Referenz zur Erlangung der DVGW Zertifizierung, bereits Erdwärmesondenbohrungen ausgeführt haben. Dies wird aber von behördlicher Seite nicht ohne Zertifizierung Erlaubt. Somit bedarf es in diesem Bereich weiterer Erörterung.

9 Anhang

9.1 Gerätestammkarten

Die Gerätestammkarten stellen die Grundlagen der Berechnung der Gerätekosten des Kapitels 6.3.1 „Kosten der Ausrüstung“ dar. Einige Geräte sind in der aktuellen Baugeräteliste von 2001 nicht vorhanden und daher aus der älteren aus dem Jahr 1991 übernommen und anschließend zur Anpassung der Werte mit dem entsprechenden Preisindex multipliziert. Dies ergibt den Faktor 1,374 aus der Preiserhöhung von 2001 bis Juli 2007 von 19 % für gewerbliche Produkte, multipliziert mit der Preissteigerung von 1991 zu 2001 von 15,5 %.

9.1.1 Bohrgerät

Bohrunternehmen	**Gerätestammkarte**		
1. Stammwerte nach BGL 2001		Seite BGL	K7 / K8
Kurzbezeichnung: DREHBOHRANL HYD		BGL-Nr.	**K.1.00.0500**
Bezeichnung:Hydrau. Drehbohranlage	Nutzungsjahre	n	8
Hersteller u. Typ:	Vorhaltemonate	v	45
Zusatzgeräte und Ausrüstungen:	monatl. Satz f. A + V	k	3,20%
hydraulische Gestängebrecheinrichtung	monatl. Satz f. Rep.	r	2,60%
Gestänge- u. Schwerstangenverschraubung			
hydraulische Abfangvorrichtung			
Kraftdrehkopf			
Hydr. Kipp- und Schwenkeinrichtung			
Spülkopf mit Einbauspindel	Kenngröße:	Drehmoment in Nm	5000

Vorhaltekosten nach BGL	BGL-Nr.	Gewicht	mittl. Neuwert A	Rep.Kosten R = r * A	Ab.+Verzin. K = k * A
		kg	€	€ / Monat	€ / Monat
DREHBOHANL HYD	K.1.00.0500	4.500	122500	3185,00	3920,00
GESTÄNGEBRECH HYD	K.1.00.0500.00	315	9800	254,80	313,60
GESTÄNGE VERSCHRAUB	K.1.00.0500.01	315	9800	254,80	313,60
ABFANGVORR HYD	K.1.00.0500.02	135	3680	95,68	117,76
KRAFTDREHKOPF SPÜL	K.1.01.0400	440	11200	291,20	358,40
SCHWENK KIPP HYD	K.1.01.0400.AA	13,2	1120	29,12	35,84
SPÜLKOPF SPINDEL	K.1.01.0400.01	13,2	1120	29,12	35,84
Stammwerte		5.596	159220	4139,72	5095,04

2. Betriebsstoffkosten	Diesel, Benzin		Baustrom	
Motorleistung	kW	48	kW	
mittlerer Verbrauch je kWh	Liter	8,57	kWh	
Energiepreis (ohne MwSt)	€ / Liter	1	€ / kWh	
Wartungs- und Pflegestoffe	Zuschlag	1,10	%	
Kosten je Betriebsstunde BS	€ / Stunde	9,43	€ / Stunde	

Erzeugerpreisindex				Bezugsjahr	**2000**
				in %	in €
Akt. Wiederbeschaffungswert		Jul 07	Index	1,19	**189471,80**
Abschreibung und Verzinsung		Satz:	3,20%	6063,10	
Reparaturkosten		Satz:	2,60%	4926,27	
Vorhaltekosten				10989,36	€/Monat
	bei	170,00	h/Mon.	**64,64**	**€/Stunde**
Betriebstoffkosten pro Stunde				**9,43**	**€/Stunde**
Gesamtkosten des Leistungsgerätes				**74,07**	**€/Stunde**

9.1.2 Bohrgestänge

Bohrunternehmen		**Gerätestammkarte**				
1. Stammwerte nach BGL 1991				Seite BGL		498
Kurzbez.: GESTÄNGEROHR MUFFE				BGL-Nr.		**4331 -0089**
Bezeichnung: Gestängerohr mit Muffen		Nutzungsjahre		n		4
Zapfenverbindung		Vorhaltemonate		v		30
außen und innen glatt, 1- 3 m Längen		monatl. Satz f. A + V		k		4,50%
		monatl. Satz f. Rep.		r		4,10%
		Kenngröße:		Außendurchmesser in mm		88,9
Vorhaltekosten nach BGL	BGL-Nr.	Gewicht	mittl. Neuwert A/m	Rep.Kosten R = r * A		Ab.+Verzin. K = k * A
		kg	€	€ / Monat		€ / Monat
GESTÄNGEROHR MUFFE	4331 -0089	16	97,00	3,98		4,36
Stammwerte		16	97,00	3,98		4,36
Erzeugerpreisindex				Bezugsjahr		**1990**
				in %		in €
Akt. Wiederbeschaffungswert		Jul 07	Index	1,38		**133,37**
Abschreibung und Verzinsung		Satz:	4,50%	6,00		
Reparaturkosten		Satz:	4,10%	5,47		
Vorhaltekosten				11,47		€/Monat/m
	bei	170,00	h/Mon.	**0,067**		**€/Stunde/m**
Gesamtkosten des Leistungsgerätes				**0,067**		**€/Stunde/m**

9.1.3 Verpressgerät

Bohrunternehmen		Gerätestammkarte			
1. Stammwerte nach BGL 1991				Seite BGL	242
Kurzbez.: MISCHPRESSGER DOTROG				BGL-Nr.	**2576-0405**
Doppeltroggerät, Mischen und Pressen		Nutzungsjahre		n	8
elektrohydraulischer Antrieb		Vorhaltemonate		v	50
		monatl. Satz f. A + V		k	2,80%
		monatl. Satz f. Rep.		r	1,40%
				max. Pressdruck [bar]	40
		Kenngröße:		max. Volumenstrom [m³/h]	5
Vorhaltekosten nach BGL	BGL-Nr.	Gewicht	mittl. Neuwert A/m	Rep.Kosten R = r * A	Ab.+Verzin. K = k * A
		kg	€	€ / Monat	€ / Monat
MISCHPRESSGER DOTROG	2576 -0405	980	12762,92	178,68	357,36
Stammwerte		980	12762,92	178,68	357,36
2. Betriebsstoffkosten		Diesel, Benzin		Baustrom	
Motorleistung		kW		kW	7,5
mittlerer Verbrauch je kWh		Liter		kWh	7,5
Energiepreis (ohne MwSt)		€ / Liter		€ / kWh	0,18
Wartungs- und Pflegestoffe		Zuschlag		Zuschlag	1,05
Kosten je Betriebsstunde BS		€ / Stunde		€ / Stunde	1,42
Erzeugerpreisindex				Bezugsjahr	**1990**
				in %	in €
Akt. Wiederbeschaffungswert		Jul 07	Index	1,374	**17549,01**
Abschreibung und Verzinsung		Satz:	2,80%	491,37	
Reparaturkosten		Satz:	1,40%	245,69	
Vorhaltekosten				737,06	€/Monat
	bei	170,00	h/Mon.	**4,34**	**€/Stunde**
Betriebstoffkosten pro Stunde				**1,42**	**€/Stunde**
Gesamtkosten des Leistungsgerätes				**5,75**	**€/Stunde**

9.1.4 Minibagger

Bohrunternehmen	**Gerätestammkarte**				
1. Stammwerte nach BGL 2001			Seite BGL		D16
Kurzbezeichnung: MINIBAGGER R			BGL-Nr.		**D.1.02.0005**
Bezeichnung: Mini-Hydraulikbagger mit	Nutzungsjahre		n		5
Raupenfahrwerk < 6 t Eigengewicht	Vorhaltemonate		v		35
Tieflöffelinhalt = 0,06 m³	monatl. Satz f. A + V		k		3,30%
	monatl. Satz f. Rep.		r		1,10%
	Kenngröße:		Motorleistung in kW		10

Vorhaltekosten nach BGL	BGL-Nr.	Gewicht	mittl. Neuwert A	Rep.Kosten R = r * A	Ab.+Verzin. K = k * A
		kg	€	€ / Monat	€ / Monat
MINIBAGGER R	D.1.02.0005	2.100	29100	320,10	960,30
Stammwerte		2100	29100	320,10	960,30

2. Betriebsstoffkosten	Diesel, Benzin		Baustrom	
Motorleistung	kW	10	kW	
mittlerer Verbrauch je kWh	Liter	1,79	kWh	
Energiepreis (ohne MwSt)	€ / Liter	1	€ / kWh	
Wartungs- und Pflegestoffe	Zuschlag	1,10	%	
Kosten je Betriebsstunde BS	€ / Stunde	1,96	€ / Stunde	

Erzeugerpreisindex				Bezugsjahr	**2000**
				in %	in €
Akt. Wiederbeschaffungswert		Jul 07	Index	1,19	**34629,00**
Abschreibung und Verzinsung		Satz:	3,30%	1142,76	
Reparaturkosten		Satz:	1,10%	380,92	
Vorhaltekosten				1523,68	€/Monat
	bei	170,00	h/Mon.	**8,96**	**€/Stunde**
Betriebstoffkosten pro Stunde				**1,96**	**€/Stunde**
Gesamtkosten des Leistungsgerätes				**10,93**	**€/Stunde**

9.1.5 Lkw

Bohrunternehmen	Gerätestammkarte				
1. Stammwerte nach BGL 2001				Seite BGL	P 13
Kurzbezeichnung: LKW FAHRGEST 4 x 2				BGL-Nr.	**P.2.00.0150**
Bezeichnung: Lastkraftwagen 4 x 2		Nutzungsjahre		n	4
2 Achsen, 6 Reifen, ohne Allradantrieb		Vorhaltemonate		v	45
		monatl. Satz f. A + V		k	2,80%
		monatl. Satz f. Rep.		r	2,20%
		Kenngröße:		zul. Gesamtgewicht	15
Vorhaltekosten nach BGL	BGL-Nr.	Gewicht	mittl. Neuwert A	Rep.Kosten R = r * A	Ab.+Verzin. K = k * A
		kg	€	€ / Monat	€ / Monat
LKW FAHRGEST 4 x 2	P.2.00.0150	4.600	78500	1727,00	2198,00
Stammwerte		4.600	78500	1727,00	2198,00
2. Betriebsstoffkosten		Diesel, Benzin		Baustrom	
Motorleistung		kW	115	kW	
mittlerer Verbrauch je kWh		Liter	20,54	kWh	
Energiepreis (ohne MwSt)		€ / Liter	1	€ / kWh	
Wartungs- und Pflegestoffe		Zuschlag	1,10	%	
Kosten je Betriebsstunde BS		€ / Stunde	22,59	€ / Stunde	
Erzeugerpreisindex				Bezugsjahr	**2000**
				in %	in €
Akt. Wiederbeschaffungswert		Jul 07	Index	1,19	**93415,00**
Abschreibung und Verzinsung		Satz:	2,80%	2615,62	
Reparaturkosten		Satz:	2,20%	2055,13	
Vorhaltekosten				4670,75	€/Monat
	bei	170,00	h/Mon.	**27,48**	**€/Stunde**
Betriebstoffkosten pro Stunde				**22,59**	**€/Stunde**
Gesamtkosten des Leistungsgerätes				**50,06**	**€/Stunde**

9.1.6 Ladekran

Bohrunternehmen	Gerätestammkarte				
1. Stammwerte nach BGL 1991				Seite BGL	339
Kurzbez.: LADEKRAN HYD				BGL-Nr.	**2975-0036**
Hydraulische Ladekrane		Nutzungsjahre		n	5
		Vorhaltemonate		v	45
		monatl. Satz f. A + V		k	2,90%
		monatl. Satz f. Rep.		r	2,10%
		Kenngröße:		Lastmoment[tm]	3,6
Vorhaltekosten nach BGL	BGL-Nr.	Gewicht	mittl. Neuwert A/m	Rep. Kosten R = r * A	Ab.+Verzin. K = k * A
		kg	€	€ / Monat	€ / Monat
LADEKRAN HYD	2975 -0036	600	13783,95	289,46	399,73
Stammwerte		600	13783,95	289,46	399,73
Erzeugerpreisindex				Bezugsjahr	**1990**
				in %	in €
Akt. Wiederbeschaffungswert	Jul 07		Index	1,374	**18952,93**
Abschreibung und Verzinsung	Satz:		2,90%	549,63	
Reparaturkosten	Satz:		2,10%	398,01	
Vorhaltekosten				947,65	€/Monat
	bei	170,00	h/Mon.	**5,57**	**€/Stunde**
Gesamtkosten des Leistungsgerätes				**5,57**	**€/Stunde**

9.1.7 Anhänger zum Bohrgerätetransport

Bohrunternehmen	Gerätestammkarte				
1. Stammwerte nach BGL 2001				Seite BGL	P20
Kurzbez.: ANHÄNGER PRI MEHRACHS				BGL-Nr.	**P.4.01.0100**
Bezeichnung: Pritschenanhänger, 2 Achsen	Nutzungsjahre			n	6
4 Reifen, 6,8 t Nutzlast	Vorhaltemonate			v	45
Zusatzausrüstung: Bordwände	monatl. Satz f. A + V			k	3,00%
	monatl. Satz f. Rep.			r	1,80%
	Kenngröße:			zul. Gesamtgewicht	10
Vorhaltekosten nach BGL	BGL-Nr.	Gewicht	mittl. Neuwert A	Rep.Kosten R = r * A	Ab.+Verzin. K = k * A
		kg	€	€ / Monat	€ / Monat
ANHÄNGER PRI	P.4.01.0100	3.200	13100	235,80	393,00
BORDWÄNDE	P.4.01.0100.AB	320	655	11,79	19,65
Stammwerte		3520	13755	247,59	412,65
Erzeugerpreisindex				Bezugsjahr	**2000**
				in %	in €
Akt. Wiederbeschaffungswert		Jul 07	Index	1,19	**16368,45**
Abschreibung und Verzinsung		Satz:	3,00%	491,05	
Reparaturkosten		Satz:	1,80%	294,63	
Vorhaltekosten				785,69	€/Monat
	bei	170,00	h/Mon.	**4,62**	**€/Stunde**
Gesamtkosten des Leistungsgerätes				**4,62**	**€/Stunde**

9.1.8 Kleintransporter für Hilfsarbeiter

Bohrunternehmen	**Gerätestammkarte**		
1. Stammwerte nach BGL 2001		Seite BGL	P 13
Kurzbezeichnung: K TRANSP KAST 4x2 D		BGL-Nr.	**P.1.01.0017**
Bezeichnung: Kleintransporter mit	Nutzungsjahre	n	4
Dieselmotor 70 kW, Nutzlast 550 kg	Vorhaltemonate	v	40
	monatl. Satz f. A + V	k	3,20%
	monatl. Satz f. Rep.	r	2,60%
	Kenngröße:	zul. Gesamtgewicht	1,7

Vorhaltekosten nach BGL	BGL-Nr.	Gewicht	mittl. Neuwert A	Rep.Kosten R = r * A	Ab.+Verzin. K = k * A
		kg	€	€ / Monat	€ / Monat
K TRANSP KAST 4 x 2 D	P.1.01.0017	1.200	11800	306,80	377,60
Stammwerte		1.200	11800	306,80	377,60

2. Betriebsstoffkosten	Diesel, Benzin		Baustrom	
Motorleistung	kW	70	kW	
mittlerer Verbrauch je kWh	Liter	12,50	kWh	
Energiepreis (ohne MwSt)	€ / Liter	1	€ / kWh	
Wartungs- und Pflegestoffe	Zuschlag	1,10	%	
Kosten je Betriebsstunde	€ / Stunde	13,75	€ / Stunde	

Erzeugerpreisindex			Bezugsjahr	**2000**
			in %	in €
Akt. Wiederbeschaffungswert	Jul 07	Index	1,19	**14042,00**
Abschreibung und Verzinsung	Satz:	3,20%	449,34	
Reparaturkosten	Satz:	2,60%	365,09	
Vorhaltekosten			814,44	€/Monat
bei	170,00	h/Mon.	**4,79**	**€/Stunde**
Betriebstoffkosten pro Stunde			**13,75**	**€/Stunde**
Gesamtkosten des Leistungsgerätes			**18,54**	**€/Stunde**

9.1.9 Anhänger für Minibagger

Bohrunternehmen	**Gerätestammkarte**				
1. Stammwerte nach BGL 2001			Seite BGL		P20
Kurzbez.: ANHÄNGER PRI 1ACHS			BGL-Nr.		**P.4.00.0027**
Bezeichnung: Pritschenanhänger, Tandem - achse, 4 Reifen, 2,1 t Nutzlast	Nutzungsjahre		n		6
	Vorhaltemonate		v		45
Zusatzausrüstung: Bordwände	monatl. Satz f. A + V		k		3,00%
	monatl. Satz f. Rep.		r		1,80%
	Kenngröße:		zul. Gesamtgewicht		2,7

Vorhaltekosten nach BGL	BGL-Nr.	Gewicht	mittl. Neuwert A	Rep.Kosten R = r * A	Ab.+Verzin. K = k * A
		kg	€	€ / Monat	€ / Monat
ANHÄNGER PRI	P.4.00.0027	600	3370	60,66	101,10
BORDWÄNDE	P.4.01.0100.AB	60	168,5	3,03	5,06
Stammwerte		660	3538,5	63,69	106,16
Erzeugerpreisindex				Bezugsjahr	**2000**
				in %	in €
Akt. Wiederbeschaffungswert		Jul 07	Index	1,19	**4210,82**
Abschreibung und Verzinsung		Satz:	3,00%	126,32	
Reparaturkosten		Satz:	1,80%	75,79	
Vorhaltekosten				202,12	€/Monat
	bei	170,00	h/Mon.	**1,19**	**€/Stunde**
Gesamtkosten des Leistungsgerätes				**1,19**	**€/Stunde**

9.2 Herstellungskosten einer Erdwärmesondenanlage nach Standardfall

Herstellungskosten einer Erdwärmesondenanlage			Lohnkosten		Materialkosten				Gerätekosten		
Arbeitsschritt	Beschreibung der Tätigkeiten	Stu	Lohn [€/h]	Betrag [€]	Bezeichnung [Einheit]	[€] / Einh.	Me	Betrag	Gerätebezeichnung	Kosten /Stunde	Betrag
Herrichten der Baustelle	Anfahrt/Abfahrt Hilfsarbeiter	1	23,41	23,41					Kleintransporter	18,54	18,54
									Anhänger, 1 achsig	1,19	1,19
	Spülteich einrichten	4	23,41	93,64					Minibagger	10,92	43,68
	Verlegegräben der Sondenleitungen ausheben	3	23,41	70,23					Minibagger	10,92	32,76
Bohrarbeiten, erste Bohrung	Anfahrt/Abfahrt Hilfsarbeiter	1	23,41	23,41					Kleintransporter	18,54	18,54
	Anfahrt/Abfahrt Bohrgeräteführer	1,5	26,52	39,78					Lkw mit Ladekran	62,50	93,75
									Anhänger, 2 achsig	4,62	6,93
	Spülteich befüllen und Bohspülung ansetzt	2	23,41	46,82	Klarwasser [m³]	2,0	4	7,84			
					Spülungszusatz [kg]	5,8	16	92,64			
	Bohrvorgang	5,5	26,52	145,86					Drehbohranlage mit Gestänge	80,81	444,46
		3,5	23,41	81,94							
	Erdwärmesonden prüfen und befüllen	0,5	23,41	11,71	Erdwärmesonde [80m]	465,1	1	465,13			
	Erdwärmesonden einbauen	1	26,52	26,52	Sondenfußgewicht [Stück]	104,9	1	104,86			
		1	23,41	23,41	Abstandhalter [Stück]	4,3	45	191,70			
	Bohrloch verpressen	1,5	26,52	39,78	Verfüllung/ Dämmer [t]	126,0	2	252,00	Verpressgerät	5,76	8,64
		1,5	23,41	35,12							
Bohrarbeiten, zweite Bohrung	Anfahrt/Abfahrt Hilfsarbeiter	1	23,41	23,41					Kleintransporter	18,54	18,54
	Anfahrt/Abfahrt Bohrgeräteführer	1,5	26,52	39,78					Lkw mit Ladekran	62,50	93,75
									Anhänger, 2 achsig	4,62	6,93
	Spülteich befüllen und Bohrspülung ansetzt	2	23,41	46,82	Klarwasser [m³]	2,0	4	7,84			
					Spülungszusatz [kg]	5,8	16	92,64			
	Bohrvorgang	5,5	26,52	145,86					Drehbohranlage mit Gestänge	80,81	444,46
		3,5	23,41	81,94				0,00			
	Erdwärmesonden prüfen und befüllen	0,5	23,41	11,71	Erdwärmesonde [80m]	465,1	1	465,13			
	Erdwärmesonden einbauen	1	26,52	26,52	Sondenfußgewicht [Stück]	104,9	1	104,86			

		1	23,41	23,41	Abstandhalter [Stück]	4,3	45	191,70			
	Bohrloch verpressen	1,5	26,52	39,78	Verfüllung/ Dämmer [t]	126,0	2	252,00	Verpress - gerät	5,76	8,64
		1,5	23,41	35,12							
Nacharbeiten	Anfahrt/Abfahrt Hilfsarbeiter	2	23,41	46,82					Kleintransporter	18,54	37,08
									Anhänger, 1 achsig	1,19	2,38
	Spülteich beseitigen, Bohrgut und Spülung entsorgen	4	23,41	93,64	Bohrgut [m³]	33,6	3,2	107,52	Minibagger	10,92	43,68
	Leitungen verlegen und ins Haus führen und Prüfen	4	23,41	93,64	Verteilerbalken [Stück]	317,6	1	317,58			
					Regulierventile [Stück]	41,7	4	166,92			
					Umlenkbögen [Stück]	26,6	8	213,12			
					Elektroschweißmuffen [Stück]	9,1	16	145,12			
					Hosenrohr [Stück]	29,3	4	117,28			
	Verlegegräben schließen und Baustelle räumen	3	23,41	70,23					Minibagger	10,92	32,76
Gesamt:	**6092,86**			1440,28				3295,88			1356,70

9.3 Diagramm Druckverlust

Nachstehen ist das Diagramm zur Ermittlung der Druckverlusthöhe in Bohrgestänge abgebildet.

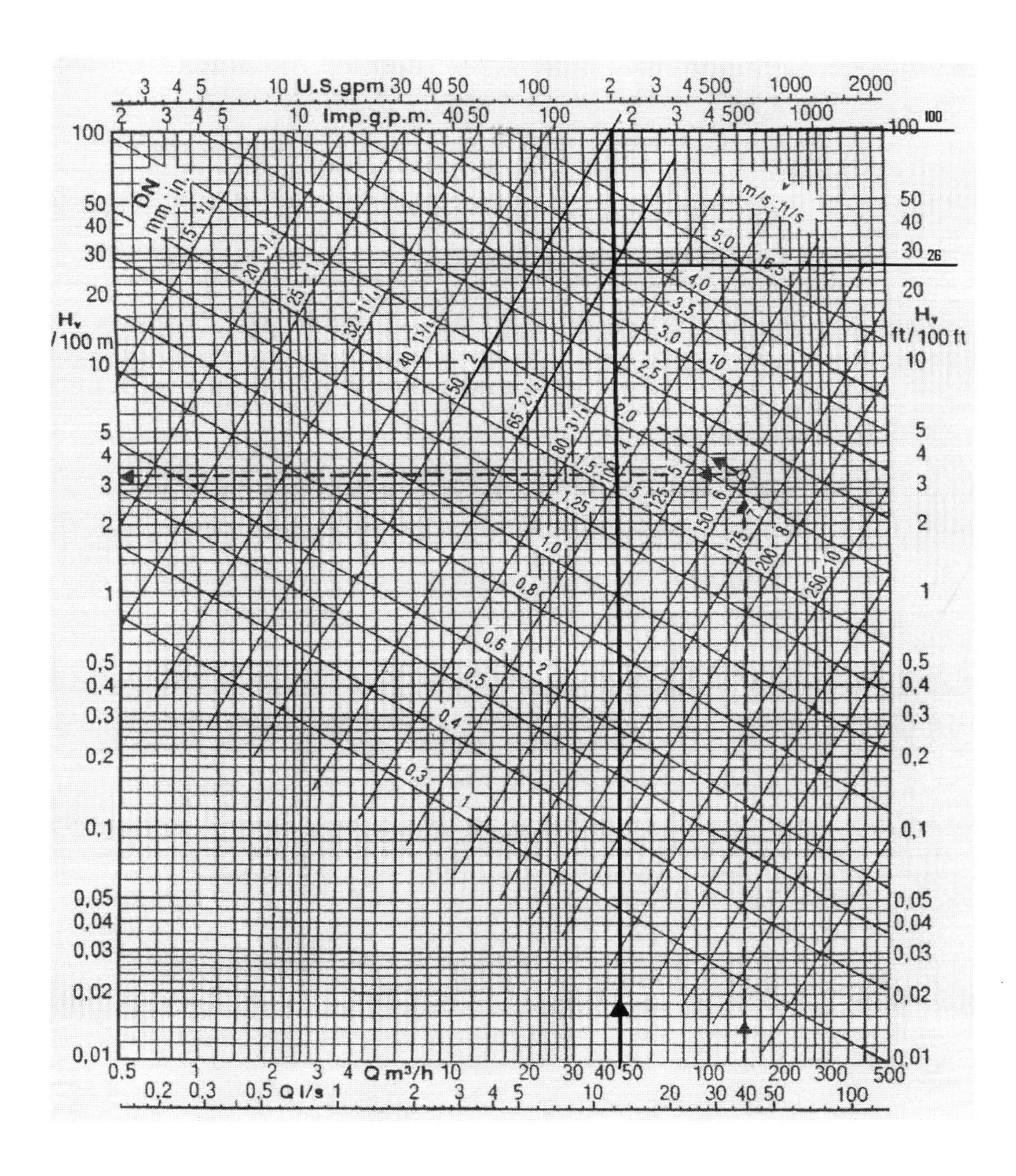

Abb. 52: Reibungsverlust H_v im Bohrgestänge auf 100 m in m (1 m entspricht 0,1 bar)

Literaturverzeichnis

Bundesamt für Energie (BFE): [Nutzung der Erdwärme] – Überblick, Technologien, Visionen, Bern, 2006.

Bundesministerium für Wirtschaft und Technologie [BWMi] (2007): [Energiedaten] - Nationale und Internationale Entwicklung,

Bundesrahmentarifvertrag für das Baugewerbe vom 4. Juli 2002. In der der Fassung vom 17. Dezember2003, 14. Dezember 2004, 29 Juli 2005, 1. Januar 2006 und 1. Juni 2006, veröffentlicht unter: http://www.soka-bau.de/content/verfahren_tarifvertraege_ brtv.html#tarifvertrag2 , Abrufzeitpunkt: 03.09.2007, 14.36 Uhr.

Clauser, C.: [Thermal Signatures] of Heat Transfer Processes in the Earth Crust, Geophysical Research Institute Hannover, Springer, Berlin, 1999.

Comdrill: [Katalog Bohrwerkzeuge – Injektionsausrüstung],Ausgabe 7, 2007.

DVGW.: [Merkblatt W 114] –Gewinnung und Entnahmen von Gesteinsproben bei Bohrarbeiten zur Grundwassererschließung, Bonn, 1989.

DVGW.: [Merkblatt W 116] – Verwendung von Spülungszusätzen in Bohrspülungen bei Bohrarbeiten im Grundwasser, Bonn, 1998.

DVGW.: [Arbeitsblatt W 120] – Qualifikationsanforderungen für die Bereiche Bohrtechnik, Brunnenbau und Brunnenregenerierung, Bonn, Dezember 2005.

Energiewirtschaftliches Institut an der Universität zu Köln (2005): [Energiereport IV] – Die Entwicklung der Energiemärkte bis zum Jahr 2030, Köln, Basel.

Eugster, W.J.; L. Rybach (Hrsg.): [Langzeitverhalten von Erdwärmesonden] – Messungen und Modelrechnungen am Beispiel einer Anlage in Elgg, (ZH), Schweiz; IZW – Bericht 2/97, Karlsruhe, 1997.

Gailfuss ,M.; BHKW - Infozentrum Rastatt (Hrsg.): [Meeresströmung] – Energiequelle der Zukunft, Rastatt.

Geser Erdwärme GmbH & Co. KG, Patrik Dell: [Geser Erdsondenfuß] Produktblatt, 2005.

Große, A.: [Rechtliche Grundlagen für die Genehmigung] geotechnischer Anlagen in: Geothermische Energie 48, 12 Jahrgang/Heft 4/5, August-Oktober 2005.

Hauptverband der deutschen Bauindustrie e.V.): [BGL] Baugeräteliste 2001, Technisch - wirtschaftliche Baumaschinendaten, Bauverlag GmbH, Wiesbaden und Berlin, 1. Auflage 2001.

iwr-pressedienst,Geothermische Vereinigung e.V – Bundesverband Geothermie: [Geothermie (Erdwärme) 24000 Anlagen in 2006], Geeste, 12 März 2007.

Junkers, Bosch Gruppe: Planungsheft [Erdwärmepumpen] für Heizung und Warmwasseraufbereitung, Wernau.

Kaltschmitt, M.;A. Wiese (Hrsg.): [Erneuerbare Energien] – Systemtechnik, Wirtschaftlichkeit, Umweltaspekte; Springer, Berlin, Heidelberg, 2.Auflage, 1997.

Kaltschmitt, M.; E. Huenges, H. Wolff (Hrsg.): [Energie aus Erdwärme]; Geologie, Technik und Energiewirtschaft, Stuttgart 1999.

Kaltschmitt, M.;W. Streicher; A. Wiese (Hrsg.): [Erneuerbare Energien] – Systemtechnik, Wirtschaftlichkeit, Umweltaspekte; Springer, Berlin, Heidelberg, 4.Auflage, 2006.

Kapp, H.; C.Kapp (Hrsg.): [Energiepfähle]: Stand der Technik und bisherige Erfahrungen; Mitt. Schweiz. Ges. Boden- und Felsmechanik, 1993.

KfW Förderbank: [Ökologisch Bauen], Programm – Nr. 144, 145, 01/2007, Bestellnummer: 141621.

Lepper,R.; FOCUS-Online: [Heizkosten] - Wärmepumpe schlägt Öl und Gas, 2007, veröffentlicht unter: http://www.focus.de/immobilien/energiesparen/heizkosten/ neubau_aid_28216.html.

Loose, P.: [Erdwärmenutzung] – Versorgungstechnische Planung und Berechnung, C.F. Müller Verlag, Heidelberg, 2006.

Neustadt-Glewe GmbH: [Informationsblatt]; Erdwärme – wärme aus der Erde, Juli, 1996.

Offenhäuser,D.; Kurt Schlünkes(Hrsg.), UNESCO heute online: [Facts & Figures] zum internationalen Tag des Süßwassers, Bonn, Ausgabe 12, Dezember 2002.

Pb pumpenboese SBF – Hagusta: [Brunnenbauprodukte und Bohrtechnik], € - Preisliste 2006/2007, veröffentlicht unter: http://www.gwe-gruppe.de im Downloadbereich.

Rehau: [Technische Informationen] Geothermie RAUGEO, 2005.

Reuß ,M.; Burkhard Sanner (Hrsg.): [Planung und Auslegung von Erdwärmesondenanlagen]- : Basis einer nachhaltigen Erdwärmenutzung, VDI – Richtlinie 4640 und Berechnungsverfahren, 2001.

Röhmer, E.: Oberflächennahe Geothermie, 2005.

Rummel, R.; O. Kappelmeyer (Hrsg.): [Energieträger der Zukunft?]; Fakten, Forschung, Zukunft = Geothermal ernergy, 2. Auflage, 1993.

Sawillion, M.: Vortrag, Ergebnisse des [baden-württembergischen Förderprogramms] „Oberlfächennahe Geothermie“, 9. Geothermische Fachtagung, Karlsruhe, 2006.

Schiessl, S.: Grundlagen der [Ringraumzementation] bei Erdwärmesonden in: *BBR 04/2007*, S. 54 – 57.

Schulz, S.: [Bergrecht und Erdwärme] – Geschichtspunkte zur Bemessung von Erlaubnis- und Bewilligungsfeldern in Geothermische Energie 40, 11 Jahrgang/Heft 1, Januar/ März 2003.

Statistisches Bundesamt: [Preisindex], Erzeugerpreisindex, Wiesbaden, Juli 2007, veröffentlicht unter: http://www.destatis.de/jetspeed/portal/cms/Sites/destatis/Internet/DE/Content/Statistiken/Zeitreihen/WirtschaftAktuell/Preise/Content100/pre110a,templateId=renderPrint.psml.

Thiele, M.: [Umwelt- und Naturschutzaspekte] bei der Erschließung und Nutzung von Erdwärme, Diplomarbeit Dipl. –Geoökologie, Potsdamm 2004, veröffentlicht unter: http://kobv.de/ubp/volltexte/2005/113/pdf/thiele.pdf.

Urban, D.: [Arbeitshilfen für den Brunnenbauer] – Brunnenbohrtechnik, Wirtschafts- und Verlagsgesellschaft Gas und Wasser mbH, Bonn, 2002.

VDI 4640 Blatt 1,: [Thermische Nutzung des Untergrundes] – Grundlagen, Genehmigung, Umweltaspekte, Düsseldorf, 2000.

VDI 4640 Blatt 2,: [Thermische Nutzung des Untergrundes] – Erdgekoppelte Wärmepumpenanlagen, Düsseldorf, 2001.

Wöhe, Günther: Einführung in die [Allgemeine Betriebswirtschaftslehre], 21., neubearb. Aufl., München: Vahlen Verlag, 2002.

Wenzke, R.: [Seminarunterlagen Spülungstechnik] im Brunnenbau, Freisack, 2007.

Zebo Fußbodenbau (2/2006.): [Informationen für Architekten], Bauunternehmer und Bauherren, Herschbach.

Abbildungsverzeichnis

Abb. 17: Soultz-sous-Forêts, Wärmenutzung im Kristallingestein; Geothermie Nutzung der Erdwärme, S. 21, veröffentlicht unter: http://www.geothermie.ch/data/ dokumente/miscellanusPDF/ BFE_Geothermie_Deutsch.pdf.

Abb. 18: Darstellung einer Erdwärmesondenanlage; Leitfaden Erdwärmesonden in Bayern, S. 1, veröffentlicht unter: http://www.wwa-deggendorf.bayern.de/daten/ geologie/leitfadenerdw%E4rmesonden.pdf.

Abb. 19: Tabelle 2, mögliche spezifische Entzugsleistung für Erdwärmesonden; VDI 4640 Blatt 2,: Thermische Nutzung des Untergrundes – Erdgekoppelte Wärmepumpenanlagen, S. 16, Düsseldorf, 2001.

Abb. 20: Nomogramm zur Auslegung von Erdwärmesonden; VDI 4640 Blatt 2: Thermische Nutzung des Untergrundes – Erdgekoppelte Wärmepumpenanlagen, S.18, Düsseldorf, 2001.

Abb. 21: Abhängigkeit der spezifischen Entzugsleitung von der Anzahl der Jahresvolllaststunden; Manfred Reuß, Burkhard Sanner (Hrsg.): Planung und Auslegung von Erdwärmesondenanlagen- : Basis einer nachhaltigen Erdwärmenutzung, VDI – Richtlinie 4640 und Berechnungsverfahren, 2001, S. 8 Abb. 5.

Abb. 22: Einfluss des Abstandes zwischen den Erdwärmesonden auf die benötigte Erdwärmesondenlänge; Manfred Reuß, Burkhard Sanner (Hrsg.): Planung und Auslegung von Erdwärmesondenanlagen- : Basis einer nachhaltigen Erdwärmenutzung, VDI – Richtlinie 4640 und Berechnungsverfahren, 2001, S. 8 Abb. 6.

Abb. 23: Drehbohrverfahren; David Urban: Arbeitshilfen für den Brunnenbauer – Brunnenbohrtechnik, Wirtschafts- und Verlagsgesellschaft Gas und Wasser mbH, Bonn, 2002, Abb. 1.1, S.11.

Abb. 24: Schlagbohrverfahren; David Urban: Arbeitshilfen für den Brunnenbauer – Brunnenbohrtechnik, Wirtschafts- und Verlagsgesellschaft Gas und Wasser mbH, Bonn, 2002, Abb. 1.2, S.11.

Abb. 25: Rammbohrverfahren; David Urban: Arbeitshilfen für den Brunnenbauer – Brunnenbohrtechnik, Wirtschafts- und Verlagsgesellschaft Gas und Wasser mbH, Bonn, 2002, Abb. 1.3, S.11.

Abb. 26: direktes Spülbohrverfahren; David Urban: Arbeitshilfen für den Brunnenbauer – Brunnenbohrtechnik, Wirtschafts- und Verlagsgesellschaft Gas und Wasser mbH, Bonn, 2002, Abb. 1.5, S.13.

Abb. 27: indirektes Spülbohrverfahren; David Urban: Arbeitshilfen für den Brunnenbauer – Brunnenbohrtechnik, Wirtschafts- und Verlagsgesellschaft Gas und Wasser mbH, Bonn, 2002, Abb. 1.6, S.13.

Abb. 28: Filterkuchen durch Spülungsmittelzusatz; David Urban: Arbeitshilfen für den Brunnenbauer – Brunnenbohrtechnik, Wirtschafts- und Verlagsgesellschaft Gas und Wasser mbH, Bonn, 2002, Abb. 5.1, S. 125.

Abb. 29: Systemdarstellung des Drehbohrverfahrens; Raimund Wenzke: Seminarunterlagen Spülungstechnik im Brunnenbau, Freisack, 2007, S. 1.

Abb. 30: Dreiflügelmeißel mit API Regular und N-Rob Anschlussgewinden; Comdrill Katalog Bohrwerkzeuge – Injektionsausrüstung, Ausgabe 7, 2007 S. 53.

Abb. 31-33: Rollenmeißel; Comdrill Katalog Bohrwerkzeuge – Injektionsausrüstung, Ausgabe 7, 2007 S. 50.

Abb. 34: Hochdruck Imlochhammer; Comdrill Katalog Bohrwerkzeuge – Injektionsausrüstung, Ausgabe 7, 2007 S. 45.

Abb. 35: Bohrkronenformen; Comdrill Katalog Bohrwerkzeuge – Injektionsausrüstung, Ausgabe 7, 2007 S. 47.

Abb. 36: Stiftbohrkronen; Comdrill Katalog Bohrwerkzeuge – Injektionsausrüstung, Ausgabe 7, 2007 S. 46.

Printed in Germany by
Amazon Distribution
GmbH, Leipzig